0～3岁宝宝辅食宝典

蔡秋杰◎著

当代世界出版社
THE CONTEMPORARY WORLD PRESS

图书在版编目（CIP）数据

0～3岁宝宝辅食宝典 / 蔡秋杰著. -- 北京 : 当代世界出版社, 2019.1

ISBN 978-7-5090-1424-0

Ⅰ. ①0… Ⅱ. ①蔡… Ⅲ. ①婴幼儿—食谱 Ⅳ. ①TS972.162

中国版本图书馆CIP数据核字(2018)第170953号

0～3岁宝宝辅食宝典

作　　者：蔡秋杰
出版发行：当代世界出版社
地　　址：北京市复兴路 4 号（100860）
网　　址：http：//www.worldpress.org.cn
编务电话：（010）83907332
发行电话：（010）83908409
（010）83908377
（010）83908423（邮购）
（010）83908410（传真）
经　　销：全国新华书店
印　　刷：天津旭丰源印刷有限公司
开　　本：170毫米×240毫米　1/16
印　　张：14
字　　数：200千字
版　　次：2019年1月第1版
印　　次：2019年1月第1次
书　　号：ISBN 978-7-5090-1424-0
定　　价：49.80 元

前言

宝宝几个月可以喂饭饭了？

宝宝每次吃多少才合适呢？

哪些食物是宝宝可以吃的？哪些又是不可以的呢？

宝宝不爱吃辅食怎么办呢？

怎样让宝宝自己乖乖地吃饭呢？

宝宝生病了，又该怎么吃呢？

……

初为人母的你，在喂养孩子的时候，是不是也遇到过诸如此类的疑惑？本书不但能给出你想要的详细答案，而且还手把手地教你制作宝宝辅食。哪怕从前的你只是一名厨房菜鸟，通过本书，也能晋升为厨艺了不起的妈妈！

本书的编写宗旨，就是为0~3岁婴幼儿提供营养的、安全的、科学的辅食制作。内容除了包括辅食制作的一般性原则，我们还根据各阶段宝宝生理发育特点及其营养需求，安排了适合各个年龄段的辅食种类及代表性食物制作方法，既体现了辅食制作营养、安全、科学的精神，又体现了因年龄而异、因食物种类而异的差异化喂养精神，务必使辅食喂养更贴近婴幼儿的身心发育特点。

不仅如此，我们还加入了功能性辅食，教会新手妈妈如何给孩子补钙、补铁、补锌、提高免疫力、健脑益智等，将孩子喂养得更健康，更茁壮！

此外，婴幼儿难免有头疼脑热的时候，我们还针对婴幼儿常见病制作了一些有辅助作用的辅食，让宝宝即使在生病的时候也有个好胃口，以更好的精神状态去抵抗疾病。

值得注意的是，本书在辅食制作一栏目，加入了“爱的叮咛”这一内容。妈妈或可了解制作辅食的注意事项、怎样做更吸引孩子，或学到一些“变着花样做辅食”的方法，或了解到食物的主要营养及其功效等，学到更多营养又美味的辅食制作技巧。

总之，本书既有辅食制作实践、辅食制作技巧，又有引人垂涎的高清食谱彩图，还不乏辅食制作理论，营养、安全、科学喂养的精神贯穿始终，是一本处处充满“爱”的婴幼儿辅食宝典。当然必须要提醒您的是，本书仅做辅食制作参考用书，您应根据自己孩子的实际情况有区别地选择适合自己孩子的食物。如首次选用一种食材时，先少量喂食，确定宝宝不会对所选的食材产生不良反应后，再将该食材加入宝宝的常规食材库中。对于过敏体质的宝宝，或有其他需要注意饮食的疾病的宝宝，在辅食制作前，请先咨询医生。另外，功能性辅食不能代替宝宝的其他补充钙、铁、锌等的途径，常见病调养辅食仅有辅助效果，不能代替医药，若宝宝身体不适，还应接受正规的医疗服务。

关爱宝宝健康成长，是妈妈的责任，也是我们的义务，让爱陪着宝宝一起健康成长吧！

目录

第一章 妈妈很想知道的辅食制作知识

2 辅食添加原则有哪些
4 关注辅食添加顺序
6 添加辅食的必备工具
8 自制辅食需要注意的问题
10 如何让宝宝爱上辅食

第二章

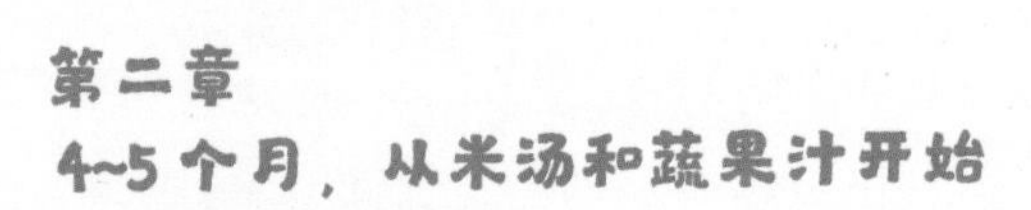

4~5个月，从米汤和蔬果汁开始

12 生理发育特点与营养需求
13 可以享用的辅食
妈妈可能遇到的问题
14 什么时候添加第一口辅食
14 第一口辅食吃什么
15 怎样判断宝宝是否适合辅食
15 怎样分配奶与辅食
辅食制作
16 米粉
17 米汤
18 西红柿汁
19 胡萝卜汁
20 西红柿胡萝卜汁
21 菠菜汁
22 黄瓜汁
22 苹果汁
23 苹果胡萝卜汁
24 西瓜汁
25 橙汁
26 葡萄汁
26 雪梨汁
27 生菜苹果汁
28 蔬果汁

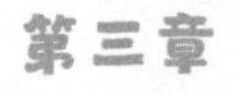

第三章 6~7个月，可以吃泥糊状辅食啦

30 生理发育特点与营养需求
31 新添加的辅食
妈妈可能遇到的问题
32 如何添加新食物
32 利于宝宝牙齿生长的食物有哪些
32 辅食中到底要不要用调味品
33 宝宝不喜欢吃勺子里的食物怎么办
辅食制作
34 土豆泥
35 菠菜泥
36 南瓜泥
36 豌豆泥

37 牛奶南瓜泥
38 胡萝卜泥
38 胡萝卜米糊
39 紫薯糊
40 西蓝花泥
41 芹菜米糊
42 菠菜西蓝花糊
43 蛋黄糊
44 苹果泥
44 橙泥
45 苹果米糊
46 草莓泥
46 香蕉泥
47 苹果香蕉泥
48 鱼泥
49 肝泥
50 肉泥

第四章 8~9个月，尝尝菜粥和面条吧

52 生理发育特点与营养需求
53 新添加的辅食

妈妈可能遇到的问题

54 大人能嚼碎喂宝宝吗
54 宝宝对食物过敏有什么表现
55 食物过敏的宝宝如何加辅食
55 宝宝磨牙需要吃什么
56 哪些食物不宜给低龄宝宝做辅食
56 宝宝什么时候可以自己吃饭了

辅食制作

57 南瓜大米粥
58 小米粥
59 青菜粥
60 奶味草莓粥
61 樱桃苹果粥
62 鱼肉粥
63 什锦绿豆粥
64 西红柿汤
65 香滑鱼松粥
66 胡萝卜鸡丁粥
67 鸡肉粥
68 牛奶汤面
69 菠菜鸡肝烂面条
70 清汤蔬菜面
71 鸡汤面
72 柠檬菠菜面

第五章 10~12个月，来些块状美食练习咀嚼吧

74 生理发育特点与营养需求
75 新添加的辅食

妈妈可能遇到的问题

76 宝宝积食怎么办
76 宝宝不爱吃辅食怎么办
76 宝宝偏食怎么办
77 如何对付餐桌上的“脏宝宝”

辅食制作

78 牛奶红薯玉米糊
79 鸡肉蔬菜泥汤
80 香煎豆腐
81 清蒸鱼块
82 土豆烩西蓝花
83 茄子煲
84 豆腐鱼头汤
85 南瓜小米饭
86 苹果草莓麦片粥
87 肉糜粥
88 紫薯糖水
89 肉松蒸鸡蛋
90 香菇蛋花汤

第六章 1~1.5 岁，能吃的美食更多了呢

92 生理发育特点与营养需求
93 新添加的辅食

妈妈可能遇到的问题

94 怎样循序渐进地断奶
94 断奶后宝宝怎样饮食
95 宝宝不爱吃蔬菜，为什么不能用水果代替
95 怎样尽可能多地保留食物中的营养素
96 怎样添加点心、零食
96 宝宝不专心吃饭怎么办

辅食制作

97 玉米浓汤
98 荞麦麦片粥
99 菠菜西红柿炒鸡蛋
100 虾仁炒西蓝花
101 菜椒洋葱炒鸡肉
102 肉丸粥
103 醋溜土豆丝
104 蒜蓉菠菜
105 炒豆芽
106 清蒸鲈鱼
107 韭苔炒猪肝
108 清炖鱼
109 海带豆腐汤
110 肉末炒竹笋
111 蔬菜丸子汤
112 肉末蒸豆腐
113 木耳炒鸡蛋
114 莲藕排骨汤

第七章 1.5~2 岁，从辅食向主食转变

116 生理发育特点与营养需求
117 新添加的辅食

妈妈可能遇到的问题

118 为什么说宝宝吃七分饱就可以了
118 宝宝能吃大人饭吗
118 宝宝生病时怎样饮食
119 怎样培养宝宝独立吃饭的能力

辅食制作

120 土豆饼
121 三鲜小饺子

122 鲜肉小馄饨
123 鲜肉包子
124 鱼松三明治
125 西湖牛肉羹
126 豆腐肉丸汤
127 虾皮紫菜汤
128 鸡汤蝴蝶面
129 酥炸小河虾
130 豆腐炒蔬菜
131 银鱼鸡蛋汤
132 虾仁炒饭
133 墨鱼仔炒菠菜
134 鸡肉炒面
135 胡萝卜肉片面
136 芥兰炒香菇
137 荞麦蒸饺
138 疙瘩面
139 萝卜炖鸡
140 芹菜炒香干
141 海米冬瓜炒豆腐
142 蒸鳕鱼
143 酸汤面叶
144 桂花糯米藕

第八章
2~3岁，爱上吃饭，不用追着喂了

146 生理发育特点与营养需求
妈妈可能遇到的问题
147 为什么要坚持给宝宝喂配方奶
147 宝宝肥胖，好不好呢
148 宝宝“吃独食”怎么办
148 人工营养素，到底怎么补
148 长高就是要补钙吗
149 给宝宝吃饭的自由，怎样把握“自由度”
辅食制作
150 京味豆腐脑
151 豆腐肉末烩针菇
152 粉丝菠菜拌鸡丝
153 韭苔炒虾仁
154 海米烩冬瓜
155 黄油焗杏鲍菇
156 麻酱菠菜
157 彩椒牛柳盖浇饭
158 牛肉炒西蓝花
159 红豆饭
160 蔬菜豆皮卷
161 蔬菜沙拉
162 香菇豉油鸡翅
163 香酥豆腐芝麻饼
164 杏鲍菇烩肉末
165 扬州炒饭
166 紫薯花卷
167 菠菜蛋卷
168 五彩饺子
169 玉米鸡肉羹
170 五彩蔬菜丁
171 青蛙三明治
172 奶香蛋挞
173 蓝莓山药
174 玉米荞麦糕
175 清炒蛤蜊
176 水煮猪蹄

第九章
功能辅食，宝宝吃什么补什么

补钙
179 油焖大虾
179 小葱煎豆腐
补铁
181 彩椒炒肉丝
181 红枣排骨汤
补锌
183 干贝海带汤
183 清蒸牡蛎
补蛋白质
185 菠菜炒鸡蛋
185 粉圆豆花
补维生素
187 鸡肝三明治
187 西蓝花黄瓜糊
健脾开胃
189 炒红果
189 三色泥
提高免疫力
191 什锦果汁
191 三文鱼奶油土豆汤
健脑益智
193 燕麦苹果核桃粥
193 香煎带鱼
保护视力
195 清炒胡萝卜
195 蓝莓牛奶汁
196 胡萝卜猪肝粥

第十章
宝宝常见病调养食谱

腹泻
199 大米粥
199 焦米汤
呕吐
201 姜糖水
201 生姜柠檬汁
便秘
203 苹果麦片粥
203 红薯泥
发热
205 绿豆粥
205 西红柿西瓜汤
咳嗽
207 冰糖炖雪梨
207 白萝卜水
感冒
209 葱姜瘦肉粥
209 缤纷果汁
湿疹
211 红豆粥
211 薏米绿豆汤
小儿佝偻病
213 炒鸡蛋
213 香葱炒鸡肝
附录
214 常见食物营养功能速查表
216 0~3 岁宝宝各阶段发育指标

第一章

妈妈很想知道的辅食制作知识

第一次当妈妈，很多人就宝宝辅食会有各种各样的问题：什么时候开始添加？怎样添加？宝宝不适应怎么办？应注意哪些事？……本章通过辅食添加原则和辅食制作方法两方面的内容一举解决新手妈妈的疑惑，做到“科学添加，科学制作”。

辅食添加原则有哪些

宝宝到了4~6个月，就不能单纯靠母乳或奶粉喂养了，需要添加一定的辅食。婴幼儿在1岁之前的营养给予，大部分都靠辅食，辅食添加的正确与否直接关系着宝宝的生长发育。科学合理的辅食添加原则，主要有以下几点。

添加时机要准确

不宜过早给宝宝添加辅食，否则由于肠胃消化问题，宝宝会出现呕吐、腹泻等症状。也不宜过晚添加辅食，容易造成宝宝营养不良，或者拒吃辅食。妈妈一定要把握好辅食添加时机，第一口辅食添加一般在4~6月龄。

与月龄相适应

为宝宝所添加的辅食要与其月龄相适应，不能一开始就添固体食物，也不能在宝宝长牙齿之后还长久地添加流质或泥状食物。一般来说，吃流质或泥状食品时间不宜过长，待宝宝长牙齿之后就要以颗粒状或块状食物为主了，这样才能为宝宝提供完整且均衡的营养。

每次添加一种，由一种到多种

最初让宝宝吃适合月龄的辅食时，一次只能添加一种，待宝宝习惯后再试另一种，不可同时添加多种。每增加一种食物，都要给宝宝三四天或更长一点的适应时间。如果宝宝消化良好，没有任何问题后，再添加新的辅食品种。当宝宝习惯不同的食物后，可从宝宝吃过的食物中挑选几种有机组合，完成由添加单一食品到混合食品的过渡。

Tips

宝宝有时会吃吃吐吐，这并不意味着宝宝不能接受该食物，只要没有过敏表现，应坚持喂下去，有时候宝宝接受一种新食物需要8~10次，甚至更多的尝试。

由少到多

每次为宝宝添加新的食物种类时，一天只喂一次，而且量不要太大，1~2勺就行了。观察宝宝的接受程度，然后按照食量由少到多的原则逐渐增加。如苹果泥，可从1/4个苹果甚至更少开始，如果宝宝没有表现出不适应，1/4的量保持几天后可增加到1/3，然后逐步增加到1/2、3/4，直至整个苹果。

但要注意，不能硬性规定宝宝吃完每次准备好的食物。不同宝宝对热量的需求是不同的，不能将自己宝宝与其他宝宝相比。只要宝宝的生长发育指标在正常范围内，即可认为添加的辅食量是合适的。

由稀到稠

宝宝的咀嚼能力是逐渐完善的，开始添加辅食时，妈妈要照顾到宝宝的咀嚼能力，坚持由稀到稠的原则，先喂流质食物，再添加半流质食物，然后逐渐过度到小颗粒食物、大颗粒食物、块状食物。

最初的辅食，可以是用母乳或配方奶、米

汤调成很稀的稀糊，在宝宝能顺利吞咽之后，再添加含水分多的流质或半流质食物，然后再过渡到泥糊状食物，如从米汤、薄粥、厚粥，再到软饭，最后才是固体食物。

由细到粗

妈妈为宝宝添加的辅食，首先要是口感嫩滑、颗粒细小，适合宝宝吞咽能力的细腻食物，如米糊、果泥等。宝宝乳牙萌发后，可尝试将食物的颗粒逐渐做得粗大，如碎菜和煮烂的蔬菜，循序渐进地锻炼宝宝的咀嚼能力。这个顺序一般是汤汁——稀泥——稠泥——糜状——碎末——稍大软颗粒——稍硬颗粒——块状。

在6~8个月时，要为宝宝添加可咀嚼食物，如饼干、馒头等，不能让他只吃泥糊状食物，这样可帮助宝宝锻炼牙床及颌关节，锻炼其咀嚼和吞咽功能。

口味偏淡

由于肾脏功能尚未发育完善，宝宝不宜吃太多盐，母乳或配方奶中的钠就足以维持宝宝对盐分的需求了，所以辅食的口味要偏淡，菜泥、果泥、蛋黄、肝末及碎肉中均不宜放盐。同理，在添加蔬果时，应先添加蔬菜，再添加水果，否则宝宝可能会因为水果的甜味而拒绝蔬菜。

身体健康、心情愉快时添加

辅食添加最好在宝宝心情愉快时，妈妈可创造一个清洁、安静的用餐环境，如果有固定的场所、桌椅和专用餐具，宝宝更容易接受。如果宝宝不愿意吃，千万不要勉强，以免影响宝宝的进食体验，使其对辅食产生抵触情绪。

如果宝宝出现消化不良或生病等情况，要暂停辅食添加，等宝宝恢复正常后再少量添加。因为婴儿身体不适时消化能力减弱，此时添加辅食容易导致其消化功能紊乱。

辅食要卫生、鲜嫩、口味好

宝宝的辅食，既要注重营养，又要考虑其肠胃消化能力，还要重视口味，卫生要讲究、原料要新鲜、现做现吃，做到营养、鲜嫩、卫生、口感好。否则不但影响宝宝的健康，还会影响其味觉发育，为日后的挑食埋下隐患。

关注辅食添加顺序

辅食添加顺序很重要，如果打乱，会影响宝宝胃肠功能，不利于营养物质的吸收和免疫系统功能的建立。

辅食添加的一般性顺序

辅食添加一般性顺序是根据辅食种类制定的，如下：

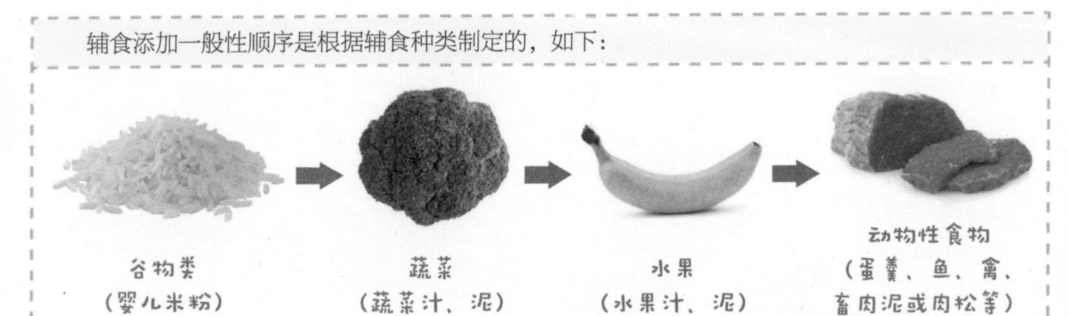

根据《中国居民膳食指南》的要求，动物性的食物添加顺序为：

（注：宝宝 6 个月前不添加含肉辅食）

不同质地的辅食添加顺序

从辅食质地上讲，辅食添加可按照以下顺序：

液体
（如米汤、菜水、果汁等）

泥糊
（如米糊、肉泥、鱼泥等）

固体
（如软饭、烂面条、饼干等）

不同月龄的辅食添加顺序

从宝宝的月龄上讲，辅食添加可按照以下顺序：

4 个月开始添加流食 → 6 个月开始添加半固体的食物 → 7~9 个月开始由半固体的食物逐渐过度到可咀嚼的软固体食物 → 10~12 个月逐渐转化为进食固体食物为主的辅食

下表列出了每个月龄具体的辅食添加及所供给营养素。

（注：每个阶段都可吃前一阶段已吃过的辅食，但要以与月龄相适应辅食为主。）

月龄	种类	营养素	食量	锻炼能力
0~3	鱼肝油	维生素 A、维生素 D	遵医嘱	吞咽
4~5	米粉、米汤、菜汁、果汁	能量、铁、维生素	每日 1 次，每次 1~2 勺	吞咽
6~7	蔬果泥、蛋黄泥、鱼泥、肝泥、肉泥	蛋白质、铁、锌、钙、维生素 A、B 族维生素、维生素 C、维生素 D、膳食纤维	每日 2 次，每次 2~3 勺	吞咽
8~9	菜粥、烂面条、饼干、面包	能量、各种维生素和矿物质	每日 2 次，逐渐增加到每次 2/3 碗	咀嚼
10~12	块状食物	所有营养素	每日 3 次，逐渐增加到每次 3/4 碗	咀嚼
1 岁之后	易消化的固体食物为主，向成人饮食过度	所有营养素	每日 3 次，逐渐增加到每次 1 碗	咀嚼

添加辅食的必备工具

在为宝宝添加辅食时，除了可以购买市场上常见的宝宝辅食外，新鲜的辅食则是需要妈妈亲手制作的，哪些工具是必备的得力助手呢？

刀具

给宝宝做辅食用的刀具最好专用，且生熟食所用刀具分开，以保证卫生。每次做辅食前后都要将刀具洗净、擦干。

刨丝器、擦板

做丝、泥类食物必备用具。每次使用后都要洗净、擦干，因为食物细碎残渣很容易藏在细缝里。

榨汁机

选择有特细过滤网、可分离部件清洗的榨汁机。

挤橙器

适合制作新鲜橙汁，使用方便又易于清洗。

研磨器

研磨器可用来研磨泥糊状食物，是辅食添加的必备工具。

过滤器

可用榨汁机的过滤网代替，也可用筛子或纱布。每次使用前都用开水浸泡一下，用完洗净晾干。

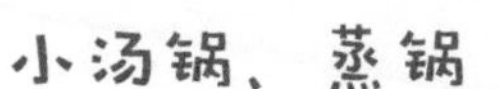

小汤锅、蒸锅

烫熟、煮熟或蒸熟食物用，也可用普通的汤锅或蒸锅代替。但宝宝食量小，小锅省时省能。

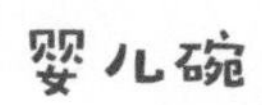

婴儿碗

可以是成人碗，但最好为宝宝准备一套婴儿专用碗，小巧可爱的碗有促进婴儿食欲的作用。

汤匙

各种漂亮的汤匙也是宝宝喂食必不可少的工具，汤匙的大小以宝宝可以一口吃下为宜。

叉子

叉子可以将软烂食物切得更细小。在宝宝可以自己吃饭时，在吃条状食物时叉子可帮助宝宝将食物送进口中。

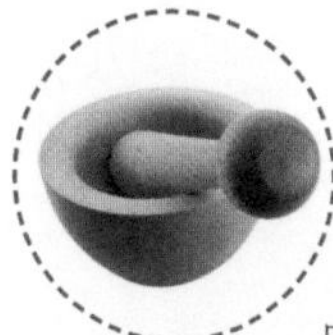

擂钵

为宝宝制作泥糊状食品时的工具。

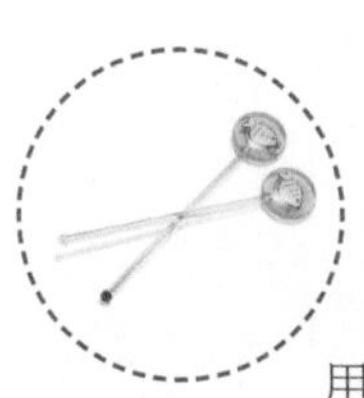

搅棒

用来搅拌泥糊状辅食，也可用筷子或勺子替代。

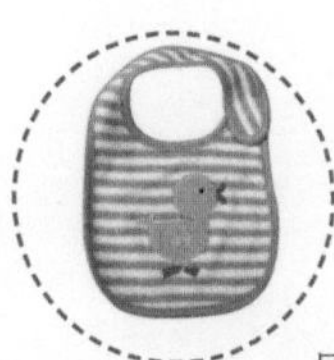

围嘴

围嘴常系于宝宝脖子周围，可保持衣服的干净。

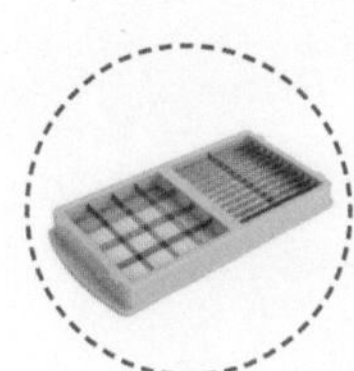

蔬果切割器

可将水果切割成小块，方便宝宝进食。

宝宝餐椅

宝宝餐椅可帮助宝宝养成坐餐椅吃饭的习惯，避免大人在后面追着喂。宝宝自己坐在合适的椅子里，可以坐得更稳，双手可以解放出来抓握餐具，从而锻炼其手、眼、脑的协调配合能力，对将来良好坐姿的形成也有一定的辅助作用。

即使宝宝被固定得很好，也不能完全依赖宝宝餐椅的安全措施，家长需密切注意安全问题，并且别让宝宝坐在餐椅上的时间超过一顿饭那么长。

爱的叮咛

♥ 以上工具不一定全部购买，可根据家里的收纳空间或预算等条件决定是否购买。

♥ 孩子吃辅食的时间不长，如果亲戚朋友中有二手的电动设备，可以接力使用。

自制辅食需要注意的问题

宝宝的消化系统非常娇嫩，免疫系统也尚未发育完善，辅食制作时若不注意细节，极易引起宝宝腹泻。所以自制辅食时，要注意以下问题。

保持清洁、卫生

为宝宝制作辅食的刀具、菜板、锅铲、碗、勺等用具要常洗、常消毒。最常用消毒方法是煮沸消毒法，即将用具洗干净后放到沸水中煮 2~5 分钟，捞出晾干。也可放到蒸锅中蒸 5~10 分钟。

辅食制作炊具，最好为宝宝准备一套专用的，且生食、熟食分开，减少交叉感染的可能性。

选择优质原料

给宝宝制作辅食的原料，最好是没有化学物质污染的绿色食物，并要求尽可能新鲜。如所选水果最好为供应期较长的时令水果，不用长期存放的水果，避免维生素的流失，更不宜选用腐烂、变质的水果。所选蔬菜，应是新鲜无公害的蔬菜，不要选购有异味或不新鲜的蔬菜。

用合适的烹饪方法

烹饪辅食时，要尽量避免长时间烧煮、蒸烫、烧烤，以免营养素流失严重。在制作水果汁、水果泥的时候，要先用清水将水果浸泡 15 分钟除去农药残余，再用沸水烫 30 秒后去水果皮。制作蔬菜汁或蔬菜泥时，要先用清水冲洗表面脏物，再用清水泡 30 分钟后用流水冲洗干净，用开水焯一下去除草酸后再烹饪。

同时，烹饪的辅食还要兼顾宝宝的咀嚼和吞咽能力，及时调整辅食的原料、质地，严格按照辅食添加顺序喂食。

一定要熟透

无论蒸、煮、烫，给宝宝制作的辅食要充分熟透，否则宝宝食后可能会腹泻。欧美国家的妈妈喜欢将食物用锡纸裹好，放入烤箱烤，这种加工方式既可最大程度地避免营养素的流失，又能使食物充分熟透。

单独制作

宝宝辅食一般比成年人的食物更细烂、清淡，所以妈妈不要为了省事，将成年人的食物稍作加工就给宝宝吃，辅食最好单独制作。

现做现吃

为了保证辅食的新鲜和卫生，不要让宝宝吃上一顿的食物，最好现做现吃。有些辅食，如肝泥、肉泥，宝宝一次食用不会太多，为了方便，妈妈可一次多准备一些，然后根据宝宝每次食量用保鲜膜分别包装，放入冰箱保存。即使如此，也不宜给宝宝吃冷藏了三天以上的辅食。

选择多样化的制作方法

不同辅食种类所提供的营养素不同，所锻炼的能力也不同，在宝宝习惯了多种食物之后，妈妈应选择多样化的制作方法，变化食物的搭配、烹饪方法、性状等，能起到刺激宝宝食欲的作用。

家长要有耐心

宝宝辅食制作麻烦，从流质过渡到半流质，再到颗粒状、块状，变化多样，花样繁多，还要让宝宝从接受到自己学会使用餐具，这个过程既繁琐又漫长。妈妈要有足够的耐心，在保证辅食新鲜营养的同时，还要给予宝宝足够的包容，不能因为宝宝吃吃吐吐就不再制作或喂食，也不能因为宝宝进食过慢就责备或催促。

如何让宝宝爱上辅食

宝宝习惯了母乳或配方奶粉，一开始难以接受其他食物。怎样才能让宝宝爱上辅食呢？可以试试下面的小诀窍！

当着宝宝的面进食

宝宝的模仿能力是很强的，当大人经常在他面前咀嚼食物时，宝宝很容易被“挑起胃口”，细心的妈妈会发现宝宝会张着小嘴“跃跃欲试”，这正是可以添加辅食的信号。而且当面咀嚼还能帮助宝宝学习咀嚼和吞咽食物。

常变换花样、口味

富于变化的辅食更能促进宝宝的食欲。妈妈可在烹饪方式、食物选择、食物形状、食物颜色、食物搭配及辅食图案上多费一些心思，重视食物的色香味，以激起宝宝的食欲。

营造愉快的用餐氛围

为宝宝创造干净、整洁、安静、舒适的用餐环境，固定场所和专用桌椅更能培养其用餐习惯。如果宝宝不饿，不要逼迫宝宝进食，也不要急于将宝宝调教成小绅士或小淑女，提出不合理的饮食礼仪，以免影响其用餐情绪。当宝宝用餐较慢时，不要催促和呵斥，反而要多鼓励和表扬宝宝，增强其用餐时的愉悦感。

注意，不要让宝宝养成边吃饭边看电视或者一边吃一边玩的习惯。

准备一套儿童餐具

为宝宝准备一套图案可爱、颜色鲜艳的餐具，可起到增强宝宝食欲的作用。

尊重宝宝的独立性

当宝宝有了自己动手吃饭的欲望时，不要因为担心孩子弄脏食物或衣服而阻止，而应帮他洗干净小手，将食物放在他触手可及的地方，让他自己抓食或自己用勺子吃。这既有助于锻炼宝宝的动手能力，又增强了宝宝的参与性，让他觉得吃饭是件有“成就感”的事，有助于提升其食欲。

Tips

大人不要在宝宝面前挑食或品评食物的好坏，宝宝会模仿大人的行为，容易养成偏食的习惯。

第二章

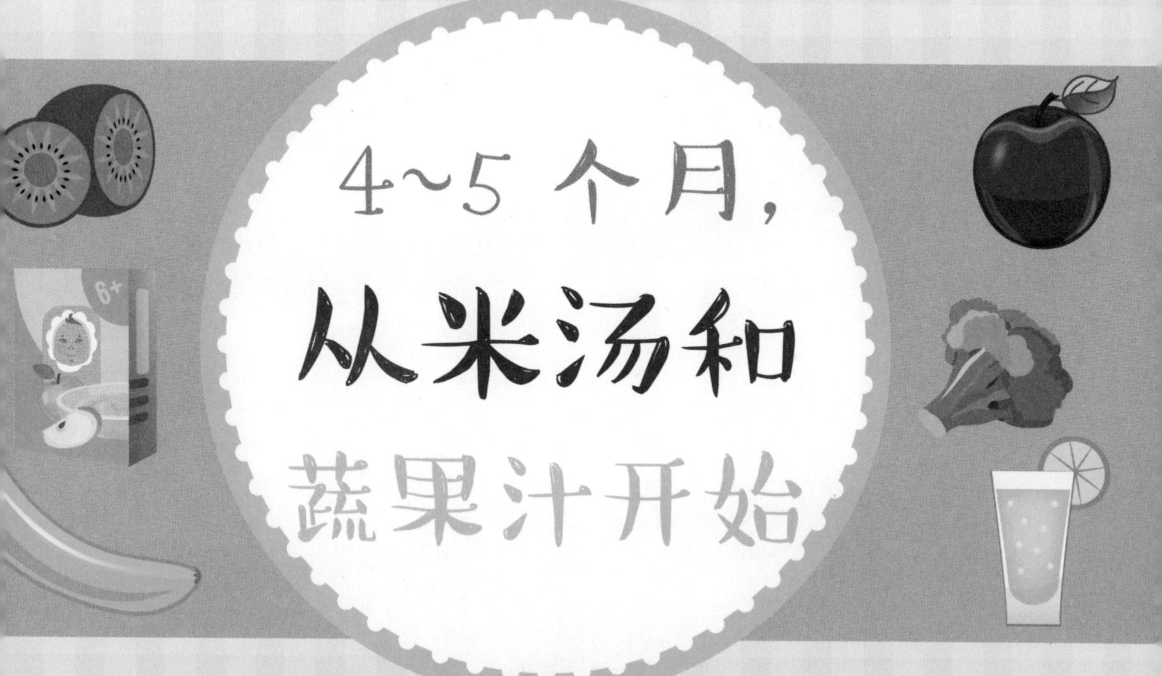

出生后第四个月，宝宝从母体内带来的铁、钙、叶酸相对不足，纯母乳喂养的宝宝提倡继续母乳喂养，但人工喂养或混合喂养的宝宝，矿物质和维生素会有所欠缺，如果宝宝已经发出添加辅食的“信号”，就需要添加辅食了。最初的辅食是谷物类、流质类，米汤和蔬果汁是这一时期主要辅食。

生理发育特点与营养需求

4~5 个月的宝宝生长发育很快，体重增长每周可达 150~180 克，对热量和各种营养素需求较多。与此相适应的是，宝宝的视觉发育、运动功能发育也非常迅速，当看到大人吃饭时，他会伸手去抓或嘴唇动、流口水了，这时候就可以考虑给宝宝添加一些辅食了。

由于此时宝宝的消化系统尚不足以消化辅食，世界卫生组织建议，纯母乳喂养的，至少在 6 个月之后才开始给宝宝添加辅食，此时的母乳是能够满足六个月前包括水在内的全部营养需求的。对于人工喂养或混合喂养的宝宝来说，从 4 个月开始就可以从辅食中补充营养了。

以上情况决定了 4~5 个月宝宝以下营养需求：

◎**添加流质谷物类食物。**宝宝此时只能喂食流质食物，为避免过敏反应，添加的食物可从蛋白质含量低的单一谷类食物开始，如大米。当宝宝对谷类食物耐受力形成后，才能逐步添加其他食物。

◎**添加含铁丰富的食物。**此时宝宝从母体带来的铁已经消耗掉，日常饮食又比较单一，生理性缺铁性贫血的发生率较高。为了满足生长发育的需要，需要增加含铁量高的辅食，推荐含强化铁的米粉。

◎**合理搭配母乳（或配方奶）与辅食。**本阶段宝宝每天的喝奶量，控制在 1000 毫升之内。食量大的宝宝可喂一些果汁、菜汁、米汤等。

4~5 个月宝宝一日食谱参考

6:00

种类：母乳或配方奶 150 毫升

主打营养素：全部

9:00

种类：米粉 10~20 克，1/8 蛋黄，或果汁 30~60 毫升

主打营养素：钙、磷、铁等矿物质，蛋白质，B 族维生素，维生素 C

12:00

种类：母乳或配方奶 120 毫升

主打营养素：全部

15:00

种类：母乳或配方奶 120 毫升

主打营养素：全部

18:00

种类：母乳或配方奶 150 毫升

主打营养素：全部

21:00

种类：母乳或配方奶 150 毫升

主打营养素：全部

24:00

种类：母乳或配方奶 150 毫升

主打营养素：全部

3:00

种类：母乳或配方奶 150 毫升

主打营养素：全部

可以享用的辅食

4~5 个月宝宝可以吃的辅食很有限，主要是谷物类、流质食物，动物类食物能吃的只有少量蛋黄。

米粉

食物取材：有大米粉、燕麦米粉、混合谷物等种类，米粉又分为原味米粉和水果味米粉，最好选择含强化铁的稀米粉糊。口味方面，建议选用原味米粉，水果味的米粉容易造成宝宝挑食。

主要营养素：碳水化合物，蛋白质，钙、磷、铁等矿物质及微量元素，还有各种维生素等。

制作方式：如果宝宝的肠胃能适应，用水、母乳、奶粉冲米粉都可以。

米汤、米油

食物取材：主要是大米和小米。大米比小米更少引起过敏，是最适宜添加的食物。

主要营养素：碳水化合物、蛋白质、B 族维生素等。

制作方式：将大米、小米熬熟后，澄 10 分钟左右，用勺子取上面不含米粒的米汤或米油，温度适中后用勺子或倒进奶瓶给宝宝喂食。

蔬菜汁

食物取材：绿叶蔬菜和橘红色蔬菜中易取汁，如生菜、西红柿、胡萝卜、黄瓜等。

主要营养素：维生素 C、叶酸、膳食纤维、胡萝卜素。

制作方式：绿叶蔬菜需要煮熟后榨汁，其他蔬菜也需要洗净后，或用开水烫软后去皮，或削去外皮，然后将蔬菜汁加少许温开水冲调后方可喂食。本阶段宝宝所食蔬果汁必须过滤去渣，用开水稀释。

果汁

食物取材：宜选维生素丰富易取汁的水果，如苹果、橙子、葡萄等。

主要营养素：B 族维生素、维生素 C。

制作方式：水果去皮、核，将果汁直接挤出，或者煮熟、蒸熟后取汁。果汁中加少许温开水稀释后方可给宝宝喂食。

蛋黄

食物取材：主要来源于鸡蛋。

主要营养素：维生素 A、维生素 D、不饱和脂肪酸及磷、铁等矿物质。

制作方式：鸡蛋煮熟，剥壳取出蛋黄，取 1/8 蛋黄研磨成粉，加少许开水调和，在两次喂奶中间给宝宝吃，也可调入米粉。

妈妈可能遇到的问题

什么时候添加第一口辅食

辅食对宝宝 1 岁前的营养给予是非常重要的，是宝宝一生健康的根基，既不能太早，又不能太晚。世界卫生组织建议，辅食添加不应早于宝宝出生后的 4 个月或晚于出生后的 8 个月。

辅食如果添加太早，如 3 个月的宝宝消化器官还很娇嫩，消化腺也不发达，还不具备消化辅食的能力。消化不了的食物会滞留在宝宝腹中“发酵”，容易造成腹胀、便秘、厌食或腹泻。因此，3 个月以内的宝宝禁止添加辅食。

辅食添加太晚也不利于宝宝的生长发育。在宝宝消化器官、味觉发育已经具备添加辅食的 4~6 个月，如果仍未添加辅食，会错过此时宝宝需要练习吞咽和咀嚼的机会，造成吞咽和咀嚼功能迟缓或低下。而且此时宝宝从母体中获得的免疫力已基本消耗殆尽，自身抵抗力正需要通过营养素产生，若不及时添加辅食，还会造成宝宝抵抗力低下而易生病。

所以，从宝宝出生第四个月开始，就可以添加辅食了。纯母乳喂养的宝宝，可以推迟到 6 个月。

具体哪一天添加，可以观察宝宝状况。如果宝宝吃了足够的奶而体重仍不达标，对大人的饭菜表现出兴趣，用汤匙触及他的口唇时有张口或吸吮动作并能将食物向后送、吞咽下去时，这说明宝宝已经具备了吞咽辅食的能力了，妈妈就需要准备辅食了。

第一口辅食吃什么

宝宝的第一口辅食，首选含强化铁的婴儿米粉，不应是米汤、米油或者蔬果汁。

这是因为，米粉是以优质大米为原料，添加了乳粉、蛋黄粉、植物油等成分，经过粉碎、研磨、高温杀菌等工序，并添加了含强化铁、锌、钙、碘等矿物质和各类维生素及多种营养素精制而成的婴儿生长辅助食品。不但易消化，对宝宝的肠胃没有任何负担，还能补充铁，且不易过敏。

在最初添加米粉时，最好选用市售婴儿米粉，不用自制的米粉。市售婴儿米粉所含营养素更全面，宝宝胃容量有限，无法摄入更多的食物，市售婴儿米粉能同时满足有限的食量与全面的营养素双重需要，比家庭自制米粉更胜一筹，更适合作为宝宝第一口辅食，家长注意选购信誉好的大品牌厂家生产的即可。

怎样判断宝宝是否适合辅食

给宝宝添加辅食之后，怎样判断宝宝是否适应呢？主要看大便，如果宝宝的大便次数、性状均没有特殊改变，说明是适应的。还可以观察宝宝的精神状态，如果宝宝对食物仍然有兴趣，没有异常哭闹，也说明所添加的辅食是适应的。

如果宝宝大大便出现以下情况，妈妈就要根据具体情况调整辅食了。

大便发散、不成形：当辅食量太多或者不够软烂、宝宝消化吸收受到影响时，宝宝大便会呈现这种性状。

大便气味很臭：当宝宝对蛋白质消化不良时，大便臭味很重，此时应减少辅食中蛋白质的摄入。

大便为深绿色黏液状：多出现于人工喂养的宝宝身上，说明供奶不足。

大便出现黏液、脓血，或大便次数增加、大便稀薄如水：这是肠炎、痢疾等肠道疾病的症状，说明宝宝吃了不洁或变质食物，应及时就医。

另外，宝宝吃了绿叶蔬菜时，大便会有些发绿；吃了西红柿时，可能有些发红，这是正常的代谢反应，家长不必担心。

怎样分配奶与辅食

添加辅食，并不意味着要告别母乳或配方奶，要合理分配奶与辅食的量。

宝宝6个月之前，仍然要保持一天7~8顿的量，至少要有6顿是正常母乳或配方奶喂养，另外1~2顿可以吃辅食。需要循序渐进添加辅食，如可8顿中某一顿奶量少，加上半顿辅食，让宝宝慢慢接受辅食。

6~7个月的宝宝，可在临睡前给宝宝掺少许米粉或蛋黄的配方奶，或半顿米粉、半顿母乳，这样可使宝宝整晚不再因为饥饿醒来，尿量也会减少，有助于母子安睡。同时，辅食增加为一天1~2顿，母乳或配方奶正常喂养减为每天5~6顿，每天喂奶量不少于1000毫升。

8~9个月，可在两次正常喂奶之间喂食一些菜粥或烂面条，辅食增加为一天2顿，母乳或配方奶正常喂养减为每天4~5顿。每天喂奶量不少于800毫升。

10~12个月，可在粥中加入一些块状蔬菜或肉末，辅食次数增加为每天3顿，母乳或配方奶正常喂养减为每天3顿。每天喂奶量500~600毫升。

1岁之后，饮食日益接近成年人，午餐前2小时可吃水果、点心各1次，量不宜多。1~2岁，配方奶每天500~600毫升，每天进食不超过6次。2~3岁，配方奶200~300毫升，最多不超过500毫升，每天进食不超过6次。

米粉

爱的叮咛

♥ 宝宝第一次吃米粉，5克左右就够了，而且要调得和奶粉一样稀稠，观察宝宝的适应情况，若无异常，两三天后可适当加量。

♥ 喂食米粉后立即喂奶，让宝宝一次吃饱。最好不要在两顿奶之间喂。

♥ 也可用母乳冲调米粉，宝宝更容易适应。

用料

婴儿米粉适量

制作

1. 将米粉放入婴儿碗中，放入差不多10倍的温开水（40~50℃）稍稍搅拌。
2. 刚充好的米粉颗粒较粗，静置一会儿，待米粉都胀开了，变得细腻如糊，这说明米粉已被水完全溶解了。再次搅拌，搅得时间越长就越细腻，宝宝越容易消化。理想的米粉是用勺子舀起倾倒能成炼奶状流下，而非滴水状流下或难以流下。
3. 用勺将调好的米粉喂给宝宝。

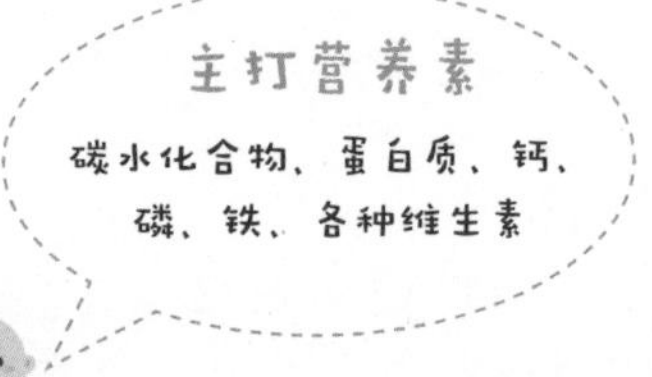

爱的叮咛

♥ 粥不宜熬得太稠，否则难以取到上层的米汤。

♥ 宝宝腹泻时，喝点大米汤有很好的止泻效果。

米汤

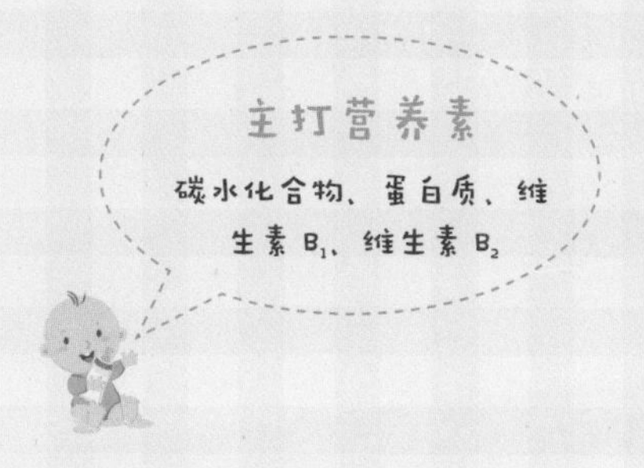

用料

大米 50 克

制作

1. 大米洗净，用清水浸泡半小时。
2. 将大米放入锅中，加适量水，先大火烧沸，再转小火慢慢熬成粥，熄火，放置 10 分钟。
3. 用汤勺取上层不含米粒的米汤，晾至微温再给宝宝喂食。

爱的叮咛

♥ 西红柿中含维生素种类较多，可满足宝宝对维生素的需要。

♥ 宜选择成熟的新鲜西红柿，口味好，营养价值也更高，不要选有棱角的，那种可能是催熟的。

西红柿汁

用料

西红柿 1 个

制作

1. 将西红柿洗净，放入沸水中烫软，去皮，切碎。
2. 用干净的双层纱布将西红柿粒包起来，滤出汁液。
3. 在西红柿汁中加入少许温开水冲调，即可给宝宝喂食。

胡萝卜汁

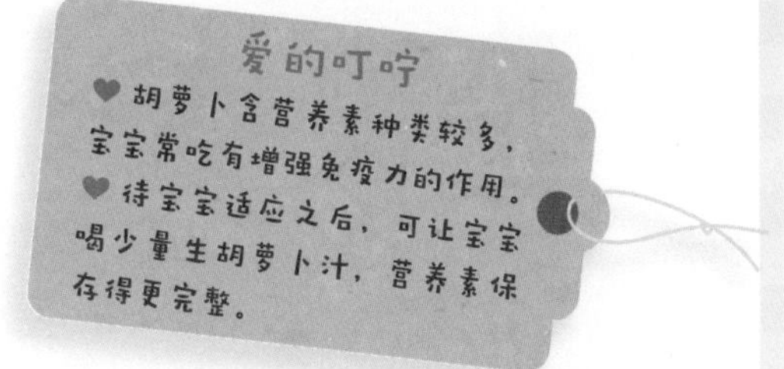

用料

胡萝卜半个

制作

1. 胡萝卜洗净，切成丁。
2. 将胡萝卜丁倒入锅中，加适量水煮至胡萝卜丁软烂。
3. 将胡萝卜丁放入榨汁机，加适量温开水榨汁，然后滤出汁液即可。

主打营养素

胡萝卜素、维生素A、维生素C、B族维生素、花青素、膳食纤维

西红柿胡萝卜汁

用料

西红柿半个
胡萝卜半个

制作

1. 西红柿洗净，放入沸水中烫3分钟，取出去皮，切碎。
2. 胡萝卜洗净，切丁，放入锅中煮至软烂。
3. 将胡萝卜丁、西红柿放入榨汁机，加适量温开水榨汁，然后滤出汁液即可。

爱的叮咛

♥ 也可用纱布滤汁，纱布滤汁比榨汁机所滤的汁液更细腻，适合月龄较小的宝宝。

♥ 这道辅食口感好，营养素种类更齐全，还能起到健脾消食和润肠通便的作用。

菠菜汁

爱的叮咛

♥ 可以用这个方法制作其他青菜汁，给宝宝补充不同的营养，体验不同的口感。

♥ 最好去掉菠菜的茎、根，只取用嫩叶，便于宝宝消化吸收。

用料

菠菜 50 克

制作

1. 菠菜择洗干净，放开水中焯一下，捞出沥水。
2. 将菠菜切成小段，放入榨汁机，加适量温开水，榨汁。
3. 滤出汁液即可。

主打营养素

膳食纤维、维生素 C、维生素 K、铁

黄瓜汁

主打营养素
B族维生素、维生素C、膳食纤维

用料

黄瓜半根

制作

1. 黄瓜洗净，去皮，切成小块。
2. 将黄瓜块放入榨汁机，加少许温开水榨汁后，滤出汁液即可。

爱的叮咛

♥黄瓜特有的清香味会提升宝宝的食欲，还能使宝宝口气更清新。

♥黄瓜中的膳食纤维能促进宝宝肠道蠕动，预防便秘。

苹果汁

主打营养素
有机酸、果胶、B族维生素、维生素C、膳食纤维

用料

苹果半个

制作

1. 苹果洗净，去皮、核，切成块。
2. 将苹果块放入榨汁机，加少许温开水榨汁后，滤出汁液即可。

爱的叮咛

♥也可将苹果在开水中煮至软烂再榨汁。

♥苹果中的有机酸有提升宝宝食欲、调理其肠胃的作用。

苹果胡萝卜汁

爱的叮咛

♥ 这道辅食口感酸甜，易于被宝宝接受，有提升其食欲的作用。

♥ 苹果和胡萝卜搭配，含胡萝卜、维生素C较多，有提升宝宝免疫的作用。

用料

苹果半个

胡萝卜半个

制作

1. 苹果洗净，去皮、核，切成丁；胡萝卜洗净，切成丁。
2. 将苹果和胡萝卜一起放入锅中，加适量水煮至苹果丁、胡萝卜丁均软烂。
3. 滤出汁液，加少许温开水冲调即可。

主打营养素

胡萝卜素、B族维生素、维生素C、膳食纤维

西瓜汁

主打营养素
糖类、B族维生素、维生素C

用料

西瓜瓤 250 克

制作

1. 将西瓜瓤切块，除去西瓜籽，用勺子或小锤压碎。
2. 用干净的双层纱布将西瓜汁滤出来，再加等量温开水冲调即可。

爱的叮咛

♥ 西瓜解热解渴，有"盛夏之王"的美誉，有防暑降温、消夏祛暑的作用。

♥ 不宜用榨汁机做西瓜汁，一方面需要去掉西瓜籽，另一方面，滤汁不太容易。

橙汁

用料

橙子1个

制作

1. 橙子洗净，横向切成两半。
2. 将橙子剖面覆盖在挤橙器上旋转，使橙汁流出来。
3. 在橙汁中加少许温开水冲调即可。

爱的叮咛

♥ 橙汁与温开水的比例，可从1:2逐渐过度到1:1，让宝宝慢慢适应橙子的酸味。
♥ 橙子是维生素C的重要来源，橙汁又简单易加工，可每天给宝宝喝几口。
♥ 不宜让宝宝空腹喝橙汁，否则会对胃产生刺激作用。

葡萄汁

用料

葡萄 50 克

制作

1. 葡萄洗净，去皮、籽。
2. 将葡萄果肉放入榨汁机，加适量温开水，榨汁。
3. 滤出汁液即可。

爱的叮咛

❤ 葡萄中含有多种果酸，有助于消化，可起到健胃消食的作用。

主打营养素

果酸、钾、铁、B 族维生素、维生素 C、维生素 P

雪梨汁

用料

雪梨半个

制作

1. 雪梨洗净，去皮、核，切成小块。
2. 将雪梨块放入榨汁机，加适量温开水，榨汁。
3. 滤出汁液即可。

爱的叮咛

❤ 雪梨性微寒，有清热滋阴的作用，可防治宝宝内热、便秘。

主打营养素

果酸、B 族维生素、维生素 C、膳食纤维

生菜苹果汁

用料

生菜 30 克
苹果 30 克

制作

1. 生菜择洗干净，放开水中焯一下，捞出沥水，切成小段。
2. 苹果洗净，去皮、核，切成块。
3. 将生菜段和苹果块放入榨汁机，加少许温开水榨汁，最后滤出汁液即可。

爱的叮咛

♥ 生菜中含有干扰素诱生剂，可刺激人体产生一种抵抗病毒的蛋白，起到增强免疫力的作用。
♥ 生菜和苹果均含有膳食纤维，有促进宝宝肠道蠕动、预防便秘的作用。

主打营养素

胡萝卜素、B 族维生素、维生素 C、膳食纤维

主打营养素

维生素C、B族维生素、胡萝卜素、铁、膳食纤维、磷、铁、钾、锰

蔬果汁

爱的叮咛

♥一定要让宝宝提前适应橙子、苹果、西蓝花、菠菜这四种果蔬，才能喂食这道辅食。

♥这道膳食综合了四种果蔬的营养素，营养更全面，有增强宝宝体质、增强抗病能力的作用。

用料

橙子 15 克　　苹果 15 克

西蓝花 15 克　　菠菜 15 克

制作

1. 西蓝花掰成小朵，用盐水浸泡半个小时，再洗净；菠菜择洗干净；苹果洗净，去皮、核，切成块；橙子洗净，横向切成两半。
2. 将西蓝花放入开水中焯熟，菠菜焯一下，均捞出沥水，切碎。
3. 将西蓝花、菠菜、苹果放入榨汁机，加少许温开水，榨汁，滤出汁液。
4. 将橙子剖面覆盖在挤橙器上旋转，使橙汁流出来，将橙汁倒入已经滤好的汁液，拌匀即可。

第三章

6~7个月，可以吃泥糊状辅食啦

泥糊状食物是液体食物向固体食物过渡的主要食物。6个月之后的宝宝，体重呈现快速增长的趋势，需要一种既能满足其生长发育所需的大量营养素、又能适应其消化器官能力的食物，泥糊状食物以食物取用的广泛性及细腻易于消化性等特点，成为最适合本阶段宝宝的辅食类型。

生理发育特点与营养需求

多数宝宝在出生后6个月就萌出第一对牙齿了，由于个体差异，有的宝宝从第四个月可能就萌发第一对牙齿，出牙晚的宝宝可能晚至第十个月甚至1周岁。大多数宝宝在牙齿的萌出阶段没有特别的不适，但也有一些宝宝出现涎水增多、睡眠不安、哭闹甚至低热等情况，这些都是正常生理现象，一般不需要特别处理。

从第七个月开始，来自于母体的抗体水平逐渐下降，宝宝自身合成抗体的能力还很差，所以这个阶段的宝宝抵抗疾病的能力下降，容易出现感冒、发烧、腹泻等疾病，爸爸妈妈要做好增强宝宝免疫力的准备。

以上情况决定了6~7个月宝宝以下营养需求：

◎增加固体食物。既可以训练宝宝的咀嚼能力，促进牙齿及牙槽的发育，又能预防营养缺乏性疾病，如缺铁性贫血、佝偻病、低钙惊厥症等。

◎重视蛋白质的补充。蛋白质是合成各种抗病物质的原料，补充蛋白质有助于增强宝宝对感染性疾病的抵抗力。

◎重视钙、铁、维生素D等营养素的补充。丰富食物的种类，开始加肉、菜、谷物、水果等多种食物类别，以满足宝宝身体快速发育的需求。

6~7个月宝宝一日食谱参考

6:00

种类：母乳或配方奶250毫升

主打营养素：全部

9:00

种类：米粉糊50克，或蛋黄泥1个

主打营养素：铁、蛋白质、维生素A、维生素D

12:00

种类：母乳或配方奶200毫升

主打营养素：全部

15:00

种类：苹果或香蕉泥，1/2~1个，母乳或配方奶100毫升

主打营养素：全部

18:00

种类：母乳或配方奶200毫升

主打营养素：全部

21:00

种类：母乳或配方奶250毫升

主打营养素：全部

新添加的辅食

由于固体性食物的引入，6~7 个月宝宝可以吃的食物品种比前一阶段大幅度增加，不但可以吃很多蔬果泥糊，还能增加一些动物性食物，如鱼泥、肉泥等，可以享用的辅食如下。

菜泥

食物取材：最好选择新鲜的深色蔬菜制作。深绿色蔬菜如油菜、小白菜、莴笋叶。红色、橘红色蔬菜如西红柿、胡萝卜、南瓜等。

主要营养素：钙、铁、胡萝卜素、维生素 C、维生素 B_2、膳食纤维等。

制作方式：绿叶蔬菜制作时入沸水煮开，控干水后用勺捣烂，再加几滴植物油翻炒几下。胡萝卜、南瓜煮烂或蒸熟，控水后用勺捣烂，直接食用或加少量植物油翻炒几下。

果泥

食物取材：宜选择质地松、成熟、无污染水果，如红苹果、香蕉、木瓜、哈密瓜等。

主要营养素：膳食纤维和多种维生素。

制作方式：先将水果洗净，去皮、核，用勺子一层层刮泥。也可以放入沸水中烫一下或蒸几分钟再给宝宝食用。最好随吃随刮，以免氧化变色或污染。也可几种水果混合着吃。

鱼泥

食物取材：新鲜无污染的食用鱼。

主要营养素：蛋白质、卵磷脂及铁、钙、磷、维生素 A、维生素 D 等。

制作方式：将鱼去鳞、去肚肠，洗净，煮熟或蒸熟，取出后剔除骨刺，用勺将鱼肉捣烂即成，常与米糊、粥等一起给宝宝食用。

肝泥

食物取材：新鲜的猪肝、鸡肝。

主要营养素：维生素 A、维生素 D、铁。

制作方式：将动物肝洗净，切好放水中煮熟，再用勺碾碎即成肝泥。常放在米糊、面条中给宝宝食用。

肉泥

食物取材：新鲜的猪、鸡的瘦肉。

主要营养素：蛋白质、铁、钙、锌、维生素。

制作方式：瘦肉绞碎、蒸熟后用勺子压成泥，再以汤匙喂食，常与蔬菜混合搭配，让宝宝一次补足多种营养素。

以上辅食类型常可混合着吃，如可将菜泥、肉泥混在米粉里吃，或者将菜泥、鱼泥、肉泥、肝泥混合在米糊里。

Tips

给宝宝添加泥糊的时候，别忘了由少到多、由淡到浓、由稀到稠、由一种到多种、由简单到复杂的循序渐进原则哦！

妈妈可能遇到的问题

如何添加新食物

人有保护自己的本能，一般不会随便接受新的食物，给宝宝添加新食物，需要妈妈耐心地多次尝试。有研究表明，一般宝宝接受一种新的食物需要尝试 3 次甚至更多次，需经过 5~7 天的适应期。

比如给宝宝增加蛋黄。妈妈可以先从 1/8 个开始添加，宝宝食用两三天后没有明显不适，可增加到 1/4 个，再观察两三天宝宝的食欲、大便及是否有过敏现象，了解其肠胃的适应情况，然后再增加到 1/2 个、1 个，让宝宝逐步适应。

可将新食物放在水、米汤、果汁、配方奶中调和，在喂奶前给宝宝食用。而且增加新食物种类时不要再加其他新的品种，以便清楚观察宝宝对某一种食物的适应情况。然后根据宝宝的适应情况，逐步增加其他食物的量和种类。

若在接受新食物期间，宝宝出现食欲差或消化不良情况，要减量或暂停新加的辅食，待其症状消失后再尝试加量或重新添加。随着消化能力的提高，宝宝能吃的食物种类会越来越多，妈妈要时刻牢记“循序渐进，逐步添加”的原则。

利于宝宝牙齿生长的食物有哪些

科学的辅食添加，既要为宝宝牙齿萌发提供必要的营养，又要能锻炼宝宝的咀嚼能力，以促进其口腔内血液循环，加快牙齿的萌发。符合宝宝牙齿生长规律的辅食添加原则，应是按照由软到硬、由细到粗的顺序，让宝宝逐步学会吞咽和咀嚼。

7~9 个月，宝宝的辅食可添加一些比较软的食物，如烂面条、粥等，锻炼其舌头上下活动，能用舌头和上鄂碾碎食物的能力。

10~12 个月，可选择一些能用牙床磨碎的食物，如饼干、小馒头、豆腐等，让孩子练习舌头左右活动和用牙床咀嚼食物的能力。刚开始时，宝宝会用唾液把食物泡软后再咽下去，乳牙萌发时，宝宝的牙龈发痒，喜欢咬一些硬东西，就会慢慢用牙龈磨碎食物，尝试咀嚼，这有利于乳牙的萌出。

宝宝出牙时间一般在 4~10 个月，不同宝宝的萌发时间不同。如果 1 岁之后宝宝仍然没有萌发乳牙，需要带医院做综合检查。

辅食中到底要不要用调味品

不给宝宝加调味品，妈妈担心味道不佳，宝宝不爱吃；给宝宝加调味品，又担心调味品中一些成分影响宝宝发育。那么，辅食中到底要不要用调味品？

不鼓励给 1 岁以内的宝宝辅食中添加调味品。一是奶粉、米粉等食物中本来已经有婴儿所需的钠，再添加调味品会造成过量，不利于宝宝肾脏和心血管健康。二是宝宝的味觉发育尚不成熟，对口味没有成年人敏感，所以不必根据成人的味觉来作出判断。

各调味品的添加原则应是：6 个月时添加一两滴植物油；6 个月之后少糖；1 岁之内最好不加盐。

如果宝宝对辅食兴趣不大，可以加少许酱油吸引宝宝食欲。刺激性比较强的调味品最好放在 2 岁以后添加，而且还要少量，如醋，否则会降低宝宝的味觉敏感度，使宝宝的口味越来越重，日后容易挑食。

宝宝辅食中一定不要添加味精、料酒、咖喱、花椒、胡椒、八角等，避免影响宝宝味觉发育，影响宝宝健康。

宝宝不喜欢吃勺子里的食物怎么办

宝宝不喜欢吃勺子里的食物，这是辅食添加早期很多妈妈容易遇到的问题。这是因为宝宝已经习惯了乳头或奶嘴吸吮，不能适应勺子或用舌头接住食物然后往喉咙里吞咽。这里提供两个小窍门。

用勺子盛乳汁、水：可用勺子给宝宝喂奶、喂水，当宝宝接受了勺子之后，再用勺子喂辅食就容易了。

准备一个硅胶软头小勺：可为宝宝准备一个更容易接受的硅胶勺子，勺子大小合适，质地与奶嘴相似，宝宝也容易接受。

因为不会吞咽的缘故，宝宝最初好像不太配合的样子，家长要有耐心，要坚持，宝宝尝试的次数多了，自然就习惯用勺子吃了。在 6 个月之前，如果宝宝不愿意吃，不要强行用勺子喂食。

土豆泥

爱的叮咛

♥ 土豆中的淀粉是主要能量来源，所含蛋白质容易消化、吸收，此外还含有多种维生素和无机盐。

♥ 如果宝宝不喜欢土豆泥的味道，可以加两滴香油入味。

用料

土豆半个

制作

1. 土豆洗净，去皮，切成块，放入锅中隔水蒸至用勺子能轻易戳烂的程度。
2. 奶粉用温开水冲调好。
3. 将土豆块倒入过滤筛，底下用碗接好。
4. 用勺子把土豆碾成泥，一边碾一边加冲调好的奶，直至筛子里不再有土豆块。
5. 将筛子后面厚厚的一层土豆泥刮到碗中，搅匀，给宝宝喂食。

主打营养素

淀粉、蛋白质、铁、钙、维生素 D

爱的叮咛

♥ 菠菜茎的纤维对 6~7 个月宝宝的肠胃来说太粗了，不宜消化，仍然用菠菜叶。

♥ 菠菜泥可单独喂食，也可加在米粉、米汤里，或等宝宝大一些的时候加在烂粥里、烂面条中给宝宝喂食。

菠菜泥

用料

菠菜叶 50 克

制作

1. 菠菜叶洗干净，放开水中焯一下，捞出沥水，切碎。
2. 用擂钵将菠菜捣碎，可边捣边加少许温开水，直至成泥糊状。

南瓜泥

爱的叮咛

♥南瓜中的多糖是一种非特异性免疫增强剂，能促进细胞因子生成，调节宝宝免疫系统，提高免疫力。

主打营养素

多糖、类胡萝卜素、果胶、钴

用料

南瓜 80 克

制作

1. 南瓜去皮，洗净，切成块。
2. 南瓜放入锅中，加适量水烧开，再转小火煮至细软。
3. 南瓜盛入碗中，用勺子压碎、捣碎，反复搅至糊状即可。

豌豆泥

爱的叮咛

♥豌豆泥一次不宜喂食太多，避免宝宝消化不良和腹胀。

用料

豌豆 50 克

制作

1. 豌豆粒剥出，洗净。
2. 豌豆粒放入锅中，加适量水烧开，再转小火煮至绵软，捞出沥水。
3. 将豌粒倒入过滤筛，底下用碗接好，然后用勺子将豌豆按压成泥。
4. 将留在过滤筛上的豌豆壳舀出扔掉，在碗中加少许温开水，调匀成糊状即可。

主打营养素

维生素 C、膳食纤维，铜、铬等微量元素

牛奶南瓜泥

爱的叮咛

♥ 南瓜含有多种对人体有益的成分，但蛋白质含量低，与牛奶搭配，大大优化了营养配比。

♥ 南瓜营养丰富，口感软甜，是宝宝辅食常常用到的食物。

用料

南瓜 50 克

配方奶粉 20 克

制作

1. 南瓜去皮、瓤，洗净，切成小块；奶粉加温开水冲调好。
2. 将南瓜放入蒸锅蒸至熟软，盛入碗中捣碎。
3. 加入冲调好的奶粉，搅匀后再反复搅至糊状即可。

主打营养素

蛋白质、钙、铁、维生素 D、DHA、多糖

胡萝卜泥

主打营养素

胡萝卜素、维生素A、花青素、膳食纤维

用料

胡萝卜1个

制作

1. 胡萝卜洗净，去皮，切成块。
2. 将胡萝卜块放入蒸锅蒸至熟烂。
3. 用搅拌器将胡萝卜和少许温开水搅拌成均匀的泥糊状。

爱的叮咛

♥胡萝卜不太容易制成泥糊状，给月龄小的宝宝吃一定要制成糊状，大月龄的宝宝可用勺子压成小颗粒状以锻炼其咀嚼能力。

胡萝卜米糊

主打营养素

蛋白质、碳水化合物、胡萝卜素、维生素A、膳食纤维

用料

胡萝卜半个

大米30克

制作

1. 胡萝卜洗净，去皮，切成块；大米淘洗干净。
2. 将胡萝卜块和大米一起放入电饭煲蒸熟，盛出。注意大米要蒸得软烂一些。
3. 用擂钵将胡萝卜和大米捣碎，直至成均匀的糊状。

爱的叮咛

♥也可用市售米粉代替大米，制作方法更简单哦！

主打营养素

淀粉、膳食纤维、硒、花青素

紫薯糊

爱的叮咛

♥ 也可用冲调好的奶粉代替温开水，营养更全面。

♥ 紫薯软甜可口，又富含膳食纤维，易患便秘的宝宝可经常食用。

♥ 紫薯含有硒、花青素等普通食物中少见的成分，对宝宝生长发育有益。

用料

紫薯半个

制作

1. 紫薯洗净，去皮，切成块，放入锅中隔水蒸至能轻易戳烂的程度。
2. 将紫薯块倒入过滤筛，底下用碗接好。
3. 用勺子将紫薯块碾成泥，一边碾一边往里面加少许温开水。
4. 将筛子后面的一层紫薯泥也刮到碗中，搅匀即可。

主打营养素

维生素C、胡萝卜素、膳食纤维、钾、锰

西蓝花泥

爱的叮咛

♥ 刚开始时可西蓝花少一些，米粉多一些，待宝宝习惯了可慢慢增加西蓝花的量。

♥ 如果宝宝喜欢的话，也可不加米粉。

用料

西蓝花 50 克

米粉 20 克

制作

1. 西蓝花掰成小朵，用盐水浸泡半小时，再洗净。
2. 将西蓝花放入锅中煮熟透，捞出放入搅拌机。
3. 搅拌机中加少许温开水，将西蓝花搅拌成泥。
4. 米粉加温开水冲调好，加入西蓝花泥中搅匀即可。

芹菜米糊

爱的叮咛

♥芹菜性甘凉，对宝宝肺胃积热、小儿麻疹等症有较好的调理作用。

用料

芹菜嫩茎 50 克

大米 30 克

制作

1. 芹菜嫩茎去叶，洗净，切成丁；大米淘洗干净。
2. 将芹菜丁和大米一起放入电饭煲蒸熟，盛出。注意大米要蒸得稀软一些。
3. 用擂钵将芹菜和大米捣碎，边捣边加少许温开水，直至成均匀的糊状。

主打营养素

碳水化合物、蛋白质、维生素 C、B 族维生素、维生素 P、膳食纤维

主打营养素

维生素C、膳食纤维、铁、钾、锰

菠菜西蓝花糊

爱的叮咛

♥ 如果宝宝不喜欢这个口味，可加两滴香油调味。

用料

菠菜 30 克

西蓝花 30 克

制作

1. 西蓝花掰成小朵，用盐水浸泡半小时，再洗净；菠菜择洗干净，取嫩叶。
2. 将西蓝花放入锅中煮至熟透；菠菜焯一下。
3. 将西蓝花和菠菜放入搅拌机，加少许温开水，搅拌成泥即可。

蛋黄糊

爱的叮咛

♥ 也可变换花样，用西蓝花或芹菜代替菠菜，加入南瓜或胡萝卜等，它们可为宝宝提供不同的营养素。

♥ 待宝宝慢慢适应了，可减少温开水的量，将蛋黄糊制作得更稠一些。

用料

鸡蛋1个　　　米粉20克

菠菜10克

制作

1. 鸡蛋煮熟，取蛋黄；米粉冲调好。
2. 菠菜择洗干净，取嫩叶入沸水中焯一下，切碎，加少许温开水，放榨汁机中榨汁。
3. 用勺子将蛋黄碾碎至无颗粒状，加入菠菜汁、米粉搅匀即可。

主打营养素

蛋白质、铁、钙、维生素C、卵磷脂、维生素D

苹果泥

主打营养素

有机酸、果胶、B族维生素、维生素C、膳食纤维

用料

苹果半个

制作

1. 苹果洗净，去皮，切成小块。
2. 将苹果块隔水蒸10分钟，用搅拌器打成糊状。

爱的叮咛

♥ 也可选择口感较面的苹果，用勺子一层层刮苹果泥，直接抿入宝宝口中。

橙泥

主打营养素

果酸、维生素C

用料

橙子1个

制作

1. 橙子去皮，切成小块。
2. 将橙子块放入料理机中打成泥即可。

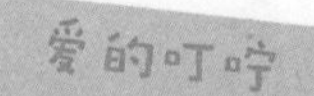

♥ 与橙汁相比，橙泥的营养保留得更完整。

♥ 如果宝宝难以接受橙泥的酸，可加一点白糖。

苹果米糊

主打营养素

蛋白质、碳水化合物、有机酸、B族维生素、维生素C、膳食纤维

用料

苹果1个　　大米50克

制作

1. 苹果洗净，切成丁；大米淘洗干净。
2. 将苹果块和大米放入豆浆机，加适量水，按下"米糊"键，打熟即可。

爱的叮咛

♥ 用豆浆机制作米糊比用擂钵捣更方便，但用豆浆机制作的米糊量往往很多，不能全部喂食宝宝。

♥ 也可在这道膳食中加入其他水果，营养更丰富。

草莓泥

用料

草莓 100 克

主打营养素

有机酸、B 族维生素、维生素 C、烟酸、花青素

制作

1. 草莓去蒂，用流动的水冲洗干净。
2. 将草莓放入碗中，用擂钵捣碎成泥即可。

爱的叮咛

♥ 也可将草莓放入锅中，加少许水，烧开后一边搅一边慢慢熬至汁浓稠。

香蕉泥

用料

香蕉半根

奶粉 20 克

爱的叮咛

♥ 香蕉容易氧化，所以香蕉泥一次不要做太多，随吃随做。

♥ 香蕉泥有润肠通便的作用，腹泻中的宝宝不要吃。

制作

1. 香蕉剥皮；奶粉冲调好。
2. 将香蕉切成小段，将香蕉段中黑色的芯线取出。
3. 将香蕉段投入碗内，用勺子碾压成泥，加冲调好的奶粉拌匀即可。

主打营养素

B 族维生素、维生素 C、镁、钾

主打营养素

B族维生素、维生素C、膳食纤维、镁、钾

苹果香蕉泥

爱的叮咛

♥ 这道辅食营养又美味，宝宝若能适应，可常做来喂食。

♥ 如果宝宝不耐酸味，可适当减少葡萄的量。

用料

苹果半个　　香蕉半根

葡萄 5~10 颗

制作

1. 苹果洗净，去皮，切成块，放入蒸锅蒸 10 分钟，取出。
2. 香蕉剥皮，切成小段；葡萄洗净，去皮、籽。
3. 将香蕉块、葡萄果肉及蒸好的苹果放入碗中，用擂钵捣碎，加少许温开水，搅匀后再捣，直至成均匀的泥糊状。

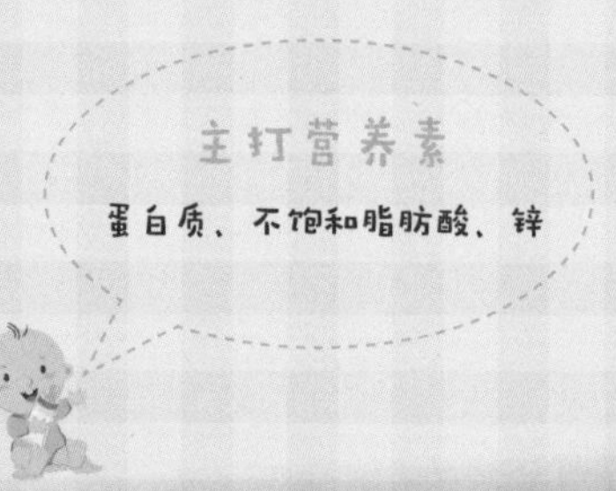

鱼泥

用料

鲈鱼1条

制作

1. 鲈鱼去鳃、内脏，洗净，切成块。
2. 取鱼块入锅蒸熟，取出放入碗中，去刺。
3. 用擂钵将鱼块捣成泥，可边捣边加少许温开水。

爱的叮咛

♥ 鱼泥可单独给宝宝食用，也可加入米汤或米粉中调成糊状。

♥ 如果担心味腥宝宝不爱吃，可在蒸的时候加一片姜或葱去异味。

♥ 也可用其他鱼代替鲈鱼，但不宜挑选小刺太多的鱼类。

肝泥

主打营养素

脂肪、铁、维生素A、维生素D

用料

猪肝50克

制作

1. 猪肝用流水冲洗10分钟，再用盐水浸泡半小时，取出切片。
2. 将猪肝放入蒸锅蒸熟，取出。
3. 用擂钵将猪肝捣碎，可加少许温开水，使猪肝成泥糊状。

爱的叮咛

- 动物肝所含成分有助于预防佝偻病，是动物性食物中添加比较早的种类。
- 肝泥比较腥，一般不单独给宝宝喂食，常与米粉、蔬菜泥、菜粥、烂面条等混合后再喂食。
- 肝泥一次食用不宜过多，每天一小勺就足够宝宝补充所需营养素了。

肉泥

爱的叮咛

♥ 也可用鸡肉代替猪肉，但鸡肉的补铁补血效果不如猪肉。

♥ 肉泥不宜一次喂食太多，常放入菜粥、烂面条中喂食宝宝。

♥ 肉泥务必要捣成糊状，不要有颗粒，否则宝宝难以消化。如果做不成糊状，可先购买市售婴儿专用肉泥给宝宝吃。

用料

猪瘦肉 50 克

制作

1. 猪瘦肉洗净，先切成小块，再放入绞肉机绞碎。
2. 将绞碎的猪肉放入蒸锅蒸熟，取出后用擂钵捣成泥即可。

第四章

8~9个月，尝尝菜粥和面条吧

8~9个月的宝宝，绝大部分已经萌出乳牙，可以告别糊状辅食，尝尝小颗粒状美食了！各类菜粥和软烂面条既营养，又能满足宝宝锻炼咀嚼能力的需要，是这一阶段主打的辅食类型。

生理发育特点与营养需求

8~9 个月的宝宝，体重增长速度放缓，但体重绝对值仍然在上升。受营养、护理方式、疾病等因素的影响，不同宝宝体重增速不同，增速与喂养密切相关。从这个阶段开始，由于学爬行等大肢体动作，宝宝体力消耗更大。

从第八个月开始，妈妈的乳汁质量开始下降，越来越难以满足宝宝生长发育需要，所以需要添加的辅食更多，各种谷类、面类、蔬菜、水果及动物性食物会在宝宝的饮食中逐渐增多，母乳和配方奶在宝宝饮食中的地位也日益下降。

以上情况决定了 8~9 个月宝宝以下营养需求：

◎**增加碳水化合物、脂肪、蛋白质类食物。**如各种菜粥、肉粥、煮得软烂的面条，以满足宝宝体力消耗的需要。

◎**可以适当加入一些粗纤维食物了。**如茎秆类蔬菜，以满足宝宝不断锻炼咀嚼能力的需要。

◎**加强维生素和矿物质等各类营养素的补充。**荤素搭配，增加食材种类，增强宝宝免疫和抵抗疾病的能力。

8~9 个月宝宝一日食谱参考

6:00

种类：母乳或配方奶 200 毫升

主打营养素：全部

9:00

种类：加了肝泥的菜粥

主打营养素：碳水化合物、维生素 A、维生素 D、B 族维生素、维生素 C、铁

12:00

种类：母乳或配方奶 200 毫升

主打营养素：全部

15:00

种类：烂面条半碗，加碎菜、肉末、豆腐等

主打营养素：碳水化合物、蛋白质、脂肪、维生素、矿物质

18:00

种类：母乳或配方奶 200 毫升

主打营养素：全部

21:00

种类：母乳或配方奶 200 毫升

主打营养素：全部

新添加的辅食

随着乳牙的萌出和咀嚼能力的提升，8~9个月的宝宝可以吃一些颗粒状食物了，如蔬菜粒、肉末、饼干，但仍以软烂食物为主，所以这些颗粒状食物常被加入粥或面条中，混合喂食给宝宝。具体来说，新添加的辅食如下。

粥

食物取材： 大米、小米、麦片、绿豆等，加入蔬菜粒、肉末、肝泥等。基本成年人常喝的粥宝宝都能喝一些。但此时仍然不要以豆类为主材熬粥，也不要以薏米、高粱等难消化的食物为主材。

主要营养素： 碳水化合物、膳食纤维及各种维生素、矿物质。

制作方式： 如普通粥的制作方法一样，但要煮得更久一些使之软烂、更容易消化。

面条

食物取材： 最好是宝宝专用面条，或者很细易消化的龙须面之类。辅之以各种蔬菜、肉末、动物肝脏。

主要营养素： 碳水化合物及各种维生素、矿物质。

制作方式： 与普通汤面做法所不同的是，菜要切得碎一些，必要时可用榨汁机榨汁后加入面条同煮。另外，还要煮得更久，确保面条软烂易消化。

蔬菜颗粒

食物取材： 茎叶类蔬菜、茎秆类蔬菜以及一些根类蔬菜。但制作时要将粗、老的部位去掉。

主要营养素： B族维生素、维生素C、膳食纤维等。

制作方式： 煮熟或焯后切碎，放入粥或面条中。

肉末

食物取材： 主要是猪瘦肉、鸡肉、鱼肉。此阶段一般不用羊肉和牛肉，前者容易上火，后者难以咀嚼。

主要营养素： 蛋白质，脂肪，铁、锌、磷等，B族维生素、烟酸等。

制作方式： 肉用刀剁碎或用绞肉机绞碎，蒸熟或炒熟，一般不加调味料。

小馒头、饼干

食物取材： 市售宝宝专用小馒头、饼干。

主要营养素： 钙、磷、维生素A、维生素D等，不同厂家配方有所不同。

选购方式： 选购知名企业的产品；注意选择适合宝宝月龄的产品。

妈妈可能遇到的问题

大人能嚼碎喂宝宝吗

宝宝辅食制作比较麻烦，有些家长为了省事，可能会先把食物嚼碎，然后再喂食宝宝。这是一种极不正确的喂食方法，对宝宝的健康危害很大。

首先，这是非常不卫生的。大人的口腔中带有一些细菌和病毒，这些细菌和病毒会随着嚼碎的食物传给宝宝，使抵抗力较弱宝宝患消化道疾病。如果大人患有流感、肝炎、肺结核或其他传染病时，宝宝还容易被传染此类疾病。

其次，嚼碎的食物抑制宝宝口腔消化液的分泌，使其咀嚼能力得不到良好的锻炼。让宝宝自己咀嚼食物可以刺激其牙齿的生长，并反射性地刺激宝宝胃内消化液的分泌，从而帮助其消化，提高其食欲。

最后，食物经大人咀嚼后，原有的香味和部分营养就会受到损失，不但“剥夺”宝宝自己享受营养美食的机会，而且嚼碎的食物并未经过宝宝自己唾液的充分搅拌就吞下去了，反而加重了宝宝的胃肠负担。

另外，宝宝长时间吃嚼碎的软食，口腔得不到运动，时间长了还会影响孩子的发音。

所以无论从饮食卫生角度还是从宝宝的身体发育角度，一定不能用嚼碎的食物喂宝宝。

宝宝对食物过敏有什么表现

1 岁以内，由于宝宝肠道功能发育不完善，肠道屏障功能不成熟，当食用鸡蛋（蛋清）、海鲜、牛奶、花生等食物后，某些过敏原可通过肠壁直接进入体内，触发一系列过敏症状。

除了腹泻、呕吐等大家熟知的辅食不适应症状外，如果出现以下症状，也要留心是否是过敏引起的：

皮肤症状： 如湿疹、丘疹、斑丘疹、荨麻疹、皮肤干痒、眼皮肿、嘴唇肿、手脚肿等。

消化道症状： 如呕吐、腹泻、便秘、胀气、腹痛、大便出血等。

呼吸道症状： 如鼻充血、流鼻涕、打喷嚏、气喘、持续咳嗽等。

如果宝宝出现了以上症状，就要先检查宝宝所吃辅食或妈妈吃的东西中是否有容易引起过敏的食物，并立刻停止此类食物的食用。待宝宝状况好转再次尝试这类食物，如果仍然出现以上情况，就能确定是食物过敏引起的。

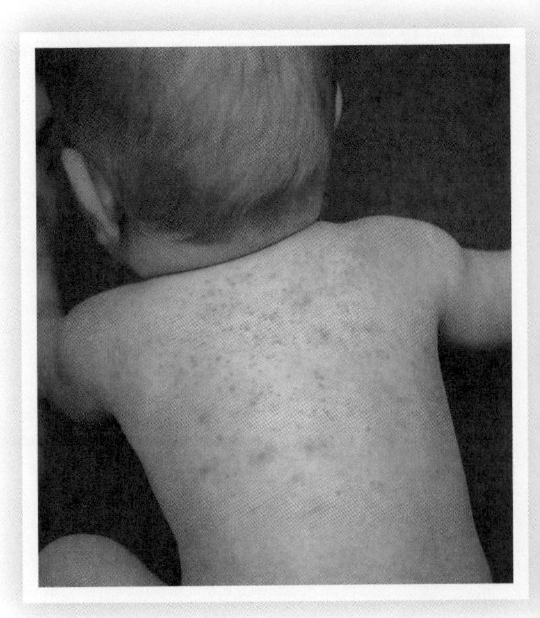

食物过敏的宝宝如何加辅食

宝宝对某种食物过敏不一定是永久性的，随着宝宝消化系统发育的完善，胃肠道功能的不断增强，他的免疫耐受性也在增加，小时候可引起过敏的食物也许会慢慢适应。

所以，如果宝宝对某类食物有轻度过敏现象，相应辅食可以从小剂量慢慢添加，让宝宝慢慢适应，而不是武断地将这类食物从宝宝膳食中直接除掉。如果宝宝对某类食物有中度以上过敏现象，就要避免这类食物的添加，可用营养素相同的其他食物来代替。如宝宝对海鱼过敏，就以瘦肉和动物肝脏代替。

1 岁之后，如果宝宝仍然发生过敏现象，家长就要带孩子到医院做过敏食物筛查，日后从宝宝的食谱中剔除这类食物，同时找到可代替的食物，确保宝宝膳食平衡。

宝宝磨牙需要吃什么

6~8 个月的宝宝，一般已经长出两颗门牙，如果宝宝不喜欢磨牙棒或牙胶，此时需要添加一些有助于磨牙的辅食。

磨牙饼干、手指饼干或其他长条形饼干： 这类饼干既能满足宝宝“想咬”的欲望，又可以锻炼宝宝自己用手拿东西吃的能力，是磨牙的首选食物。最好选择宝宝磨牙专用饼干。

条状水果或蔬菜： 妈妈可将一些可以生吃的食物切成条状，如苹果、梨子、黄瓜、胡萝卜等，清凉又脆甜，既能补充维生素，又能帮助宝宝磨牙。

蔬果皮： 如柚子皮、萝卜皮。这些“食物”质地都比较韧，适合宝宝磨磨牙。家长需要将果皮洗干净，撕成小块。

烤馒头： 市售烤馒头或自己在平底锅里烤制的馒头。自制烤馒头需要烤至两面微微发黄、外面略有硬度里面软的状态，馒头可以是粗粮制的。

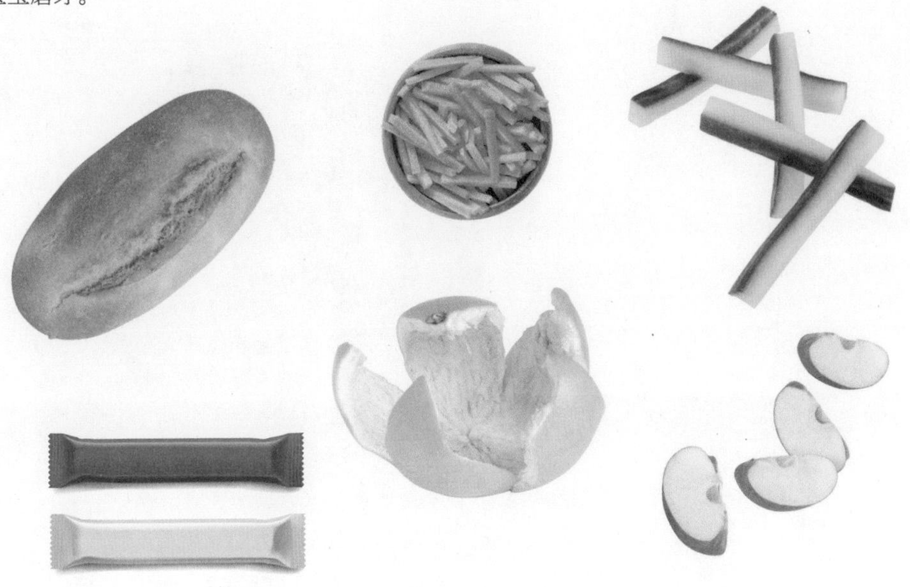

哪些食物不宜给低龄宝宝做辅食

蛋清： 蛋清中的蛋白分子较小，容易通过肠壁直接进入血液中，8 个月以内的宝宝容易对异体蛋白分子产生过敏反应，导致湿疹、荨麻疹等。宝宝最好在 1 岁左右再吃蛋清。

海鲜类： 如螃蟹、虾等，容易引起过敏反应，1 岁之前不宜喂食。

蜂蜜： 蜂蜜在酿造、运输与储存过程中，易受到肉毒杆菌的污染，梭状肉毒杆菌芽孢会在肠道内繁殖，释放出肉毒杆菌毒素。宝宝抵抗力弱，容易引起肉毒杆菌性食物中毒，所以 1 岁之内的宝宝不宜食用蜂蜜。

鲜牛奶： 2 岁以内宝宝不能喝鲜牛奶。鲜牛奶中的酪蛋白、脂肪很难被宝宝肠胃吸收；所含的矿物质会加重宝宝肾脏负担；所含的 α 型乳糖还容易诱发胃肠道疾病。

果冻： 多数果冻是人工添加剂配制而成，营养价值并不高，而且对宝宝胃肠道系统还有不良影响，因吸收果冻而阻塞器官造成婴幼儿窒息的事故也时有发生。所以 3 岁以内的宝宝不要吃果冻。

宝宝什么时候可以自己吃饭了

8 个月的宝宝，精细动作得到了发展，会用手指捏起、抓握物品，有的宝宝甚至会自己伸手抓饭吃了。此时可将他的小手洗干净，让他自己用手拿着饼干、水果吃。如果宝宝能自如拿着食物吃了，可将小勺放到他手中，让他学着自己用勺子吃饭。10~12 个月的宝宝，手眼协调能力更强了，家长更要创造机会让宝宝自己吃饭，一般宝宝在 1 岁左右就会自己使用勺子吃饭了。宝宝真正学会独自吃饭且不弄脏衣服，至少要两岁半之后了。

培养“宝宝独立进食”的能力是一个漫长的过程。一开始，宝宝可能拿着勺子乱捣乱拨，将饭菜洒得到处都是，或者将碗碟打碎，或者根本不用勺子，自己下手乱抓。这都是正常的，家长不要因此怪罪孩子而不给其学习的机会。只要他吃得开心就可以了！

辅食制作

南瓜大米粥

爱的叮咛

♥ 首次喂食时需反复多次搅拌，使南瓜彻底融化不显颗粒。然后逐步保留小颗粒，让宝宝慢慢适应。

♥ 要选择金黄色、吃起来比较甜和粉的南瓜，营养和口感更好，宝宝更容易接受。

用料

南瓜 50 克
大米 50 克

制作

1. 南瓜去皮，洗净，切成小块；大米淘洗干净。
2. 将南瓜和大米一起放入锅内，加适量水，大火煮沸后转小火煮至南瓜和大米软烂。

主打营养素

碳水化合物、蛋白质、多糖、类胡萝卜素

爱的叮咛

♥ 小米浸泡是为了让米粒膨胀开，熬粥的时候可顺着一个方向搅动，熬至出来的粥酥、口感好。

♥ 小米粥油具有补脾肾、和肠胃、防止消化不良的作用，适合宝宝常食。

小米粥

主打营养素

碳水化合物、维生素 B_1、维生素 B_2

用料

小米 50 克

制作

1. 小米用水泡 15 分钟，淘洗干净。
2. 小米入锅，加适量清水，大火烧开后再转小火慢慢熬制，直至粥熟透。

主打营养素

碳水化合物、B族维生素、维生素 C、膳食纤维

青菜粥

爱的叮咛

♥ 制作时，要将小白菜、芹菜较粗老部分去掉。

♥ 变换花样，可用菠菜叶、油菜叶等茎叶蔬菜代替。

用料

小白菜 1 棵　　芹菜茎叶 20 克
大米 50 克

制作

1. 小白菜、芹菜择洗干净，分别切成丁；大米淘洗干净。
2. 大米入锅，加入适量水，熬至粥黏稠，加入菜丁，再小火煮 3 分钟即可。

奶味草莓粥

> **爱的叮咛**
>
> ♥ 燕麦是一种低糖、高营养、高能食品，有预防宝宝过度肥胖的作用。
>
> ♥ 如果宝宝消化不是很好，可用大米代替燕麦。

用料

草莓 2 颗

配方奶粉 50 克

燕麦 30 克

制作

1. 草莓用流水冲洗干净，切成丁；燕麦淘洗干净。
2. 燕麦入锅，加适量水，大火烧开后转小火熬至粥熟烂，熄火。
3. 配方奶粉冲调好，倒入锅中拌匀，最后撒上草莓丁即可。

主打营养素

碳水化合物、蛋白质、钙、铁、维生素 C、维生素 D、膳食纤维

樱桃苹果粥

用料

樱桃 5 颗　　苹果半个
大米 50 克　　配方奶粉 10 克

制作

1. 樱桃洗净，去核，切成丁；苹果洗净，去皮、核，切成丁；大米淘洗干净。
2. 大米入锅，加适量水熬至粥黏稠，倒入樱桃、苹果再煮 2 分钟。
3. 配方奶粉冲调好，最后倒入锅中，拌匀后熄火即可。

主打营养素

碳水化合物、蛋白质、维生素 C、铁、钙、果胶、膳食纤维

爱的叮咛

♥ 变换花样，可不放奶粉；也可用其他水果代替，如草莓、香蕉、猕猴桃等。
♥ 这道辅食味道酸甜可口，尤其适合胃口不佳的宝宝。

爱的叮咛

♥ 草鱼块要先煸炒再与粥同熬粥，否则会有一点腥味。

♥ 这道辅食既营养，又容易消化，尤其适合在宝宝食欲不佳的时喂食。

♥ 也可加一些茎叶类蔬菜，营养更丰富。

鱼肉粥

主打营养素

碳水化合物、蛋白质、不饱和脂肪酸、B族维生素、维生素E

用料

草鱼块 100 克　大米 50 克

香葱 2 棵　香油适量

酱油适量

制作

1. 大米淘洗干净；香葱择洗干净，切碎；草鱼块洗净，仔细去除鱼肉中的小刺。
2. 炒锅烧至七成热，放少许香油，将草鱼块炒熟。
3. 大米入锅，加适量水熬粥，粥将熟时放入草鱼块，洒上香葱，加两滴酱油拌匀即可。

爱的叮咛

♥ 变换花样，也可放入更多之前宝宝已经吃过的食物，如鸡肝、青菜、鱼肉、肉末等，营养更丰富。也可用大米代替绿豆。

♥ 绿豆一定要熟烂才能喂食宝宝，提前浸泡方便煮熟。

什锦绿豆粥

用料

绿豆 50 克　　土豆半个

胡萝卜半根　　芹菜茎叶 10 克

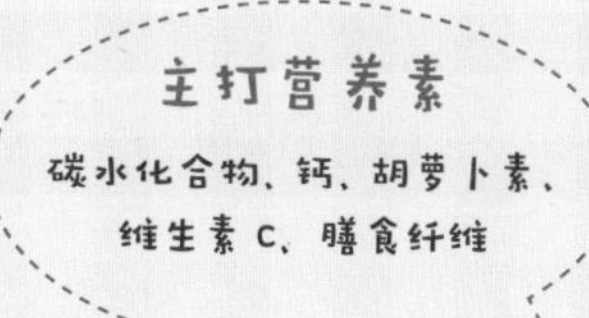

制作

1. 绿豆先用水浸泡 30 分钟。
2. 土豆去皮，洗净，切成块；胡萝卜、芹菜茎叶洗净，切成丁。
3. 浸泡后的绿豆再淘洗干净，与土豆一起入锅，加适量水熬熟，放入胡萝卜、芹菜再熬至熟烂即可。

西红柿汤

爱的叮咛

♥ 宝宝首次吃块状蔬菜汤，一定要制作得熟烂、可口一些。

♥ 如果担心胡萝卜不容易熟烂，可用土豆代替。

用料

西红柿 1 个　　胡萝卜半根

莳萝碎少许　　植物油适量

制作

1. 胡萝卜洗净，切成块。
2. 西红柿洗净，入沸水烫一下，去皮，切成块。
3. 炒锅加少许植物油烧热，加入西红柿炒成泥，再加胡萝卜翻炒匀，加少量水，小火熬至胡萝卜熟烂，撒上莳萝碎即可。

主打营养素

胡萝卜素、维生素 C、B 族维生素、维生素 E

香滑鱼松粥

用料

鱼肉松 20 克
大米 50 克

制作

1. 大米淘洗干净。
2. 大米入锅，加入适量水，熬至粥黏稠，加入鱼肉松，再小火熬几分钟即可。

主打营养素
碳水化合物、蛋白质、不饱和脂肪酸、锌、维生素 B_1

爱的叮咛
♥ 变换花样，也可用肉松代替鱼肉松；也可加入香葱或青菜叶，口感更好。
♥ 鱼肉松入锅后，熬煮时间不宜太长。

主打营养素

碳水化合物、蛋白质、胡萝卜素、维生素 C

胡萝卜鸡丁粥

爱的叮咛

♥ 这道膳食营养素种类较多，适合宝宝常食。

♥ 如果宝宝有风热型感冒症状，不要放鸡肉。

♥ 变换花样，还可以放入一些葱花、香菇等，口感更佳。

用料

胡萝卜半根　　黄瓜半根

鸡胸肉 20 克　　大米 50 克

制作

1. 大米淘洗干净；黄瓜、胡萝卜、鸡胸肉分别洗净，切成粒。

2. 大米、胡萝卜丁、鸡肉丁入锅煮粥，粥将熟时放入黄瓜煮至熟透即可。

爱的叮咛

- 根据宝宝的适应情况，可将鸡肉切得更碎一些。
- 变换花样，也可将鸡肉用淀粉腌制10分钟再炒熟，肉质更嫩，更易消化。

鸡肉粥

用料

鸡肉30克　　莳萝碎少许

米粉50克

制作

1. 鸡肉洗净，切成小块。
2. 鸡肉入锅，加适量水煮熟，捞出沥水。
3. 米粉加适量温开水冲调好，加入煮熟的鸡肉，撒上莳萝即可。

牛奶汤面

爱的叮咛

♥ 宝宝首次食用面条，可将面条捣碎或下面条时折断。

♥ 在宝宝没吃过面条时，用奶粉做汤，宝宝更容易接受。

♥ 变换花样，也可用西红柿汁、青菜汁等各种蔬菜汁、蔬菜颗粒做汤。

用料

宝宝面条 50 克

配方奶粉 30 克

制作

1. 锅中加适量水烧开，宝宝面条下入锅中煮熟，熄火。
2. 配方奶粉冲调好，倒入锅中拌匀即可。

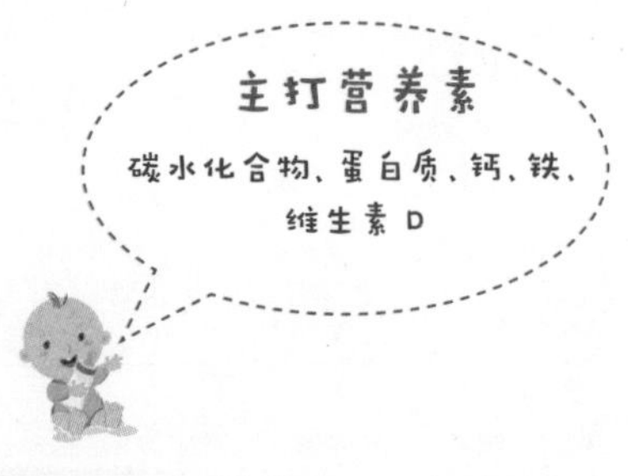

主打营养素

碳水化合物、脂肪、铁、维生素A、维生素D、膳食纤维

菠菜鸡肝烂面条

用料

菠菜 20 克　　鸡肝 10 克
宝宝面条 50 克

制作

1. 菠菜择洗干净，切成小段。
2. 鸡肝洗净，用沸水焯一下，取出，捣碎成泥或颗粒状。
3. 锅中加适量水烧开，将宝宝面条折断下入锅中煮至软烂，放入鸡肝泥，下入菠菜，再煮至熟透即可。

爱的叮咛

- 变换花样，可用其他蔬菜代替菠菜；可用猪肝代替鸡肝。
- 如果宝宝吞咽菠菜段有困难，也可将菠菜制成泥状。
- 如果宝宝首次吃面，应尽可能将面条做得更碎，便于宝宝吞咽。

清汤蔬菜面

爱的叮咛

❤ 变换花样，也可用芹菜、小白菜等蔬菜粒代替胡萝卜。

❤ 这是宝宝第一次吃植物油做汤底的汤面，妈妈一定要做得味美而不腻哦！

用料

胡萝卜半根　　香葱 2 棵

宝宝面条 50 克　植物油适量

制作

1. 胡萝卜洗净，切成丝；香葱择洗干净，切碎。
2. 炒锅加适量植物油烧热，放入香葱和胡萝卜丝炒香，铲出备用。
3. 锅中加适量水烧开，下入宝宝面条煮熟，放入香葱和胡萝卜丝即可。

主打营养素

碳水化合物、胡萝卜素、维生素 E

爱的叮咛

♥ 待宝宝能消化鸡肉丁时，鸡肉可以留在锅内，宝宝可以食肉喝汤。

♥ 变换花样，也可用其他蔬菜代替胡萝卜。

鸡汤面

主打营养素

碳水化合物、蛋白质、胡萝卜素

用料

胡萝卜半根　鸡肉 100 克　宝宝面条 50 克

制作

1. 鸡肉洗净，切成丁；胡萝卜洗净，切成丁。
2. 锅中加适量水烧开，放入鸡丁煮至肉烂熟，捞出鸡肉，放胡萝卜丁、宝宝面条煮熟即可。

爱的叮咛

- 这道膳食口感特别，尤适用于食欲不振的宝宝。
- 使用时，用刀叉将面条切段，更方便宝宝吞咽。
- 变换花样，可不加柠檬汁，也可根据宝宝喜好加其他果汁。

柠檬菠菜面

用料

柠檬半个　　菠菜 5 棵

宝宝面条 50 克

制作

1. 菠菜择洗干净；柠檬横向切成两半，将剖面覆盖在挤橙器上旋转，使柠檬汁流出来。
2. 锅中加适量水烧开，下入宝宝面条、菠菜煮至烂熟，捞出面条和菠菜。
3. 将面条和菠菜盛入盘中，放入少许柠檬汁拌匀即可。

第五章

10~12个月，来些块状美食练习咀嚼吧

9个月之后的宝宝，各种谷类、面类、蔬菜、水果等食物在宝宝的饮食中日益增多，饮食从流质过渡到半流质，又逐渐过渡到固体饮食。这既是宝宝身体发育需要更多营养的表现，也是宝宝咀嚼、消化吸收能力提升的表现。

生理发育特点与营养需求

10~12 个月的宝宝，乳牙继续萌发，到 11 个月时，很多宝宝都长出了上、下、中切牙，已经能咬食比较硬的食物了。与此同时，宝宝的运动功能、心理功能迅速发育，对周围事物的兴趣越来越浓，对一切新鲜的东西都会产生好奇和探索的本能。

但另一方面，母乳质量进一步下降，宝宝的生长发育速度仍然很快，对母乳、配方奶和辅食的需求“此消彼涨”，辅食喂养逐步向幼儿过渡，餐次减少，餐量增加，吃母乳的宝宝面临着断奶。

以上情况决定了 10~12 个月宝宝以下营养需求：

◎**重视辅食的营养和食物的变化。**逐步丰富宝宝可吃的食物种类，逐步完善膳食结构，确保营养素齐全。

◎**逐步增加碳水化合物、蛋白质、脂肪的量。**接近 1 岁时，使辅食逐渐转为主食。

◎**加大块状食物的摄入。**继续锻炼宝宝咀嚼能力。

10~12 个月宝宝一日食谱参考

6:00

种类：母乳或配方奶 200 毫升

主打营养素：全部

9:00

种类：点心 100 克，浓汤半碗

主打营养素：能量、矿物质、维生素

12:00

种类：菜粥、肉粥或面条半碗，母乳或配方奶 100~200 毫升

主打营养素：全部

15:00

种类：水果 100 克

主打营养素：维生素 C、膳食纤维

18:00

种类：软饭半碗，菜肴 50 克

主打营养素：能量、各种维生素和矿物质

21:00

种类：母乳或配方奶 200 毫升

主打营养素：全部

新添加的辅食

这一阶段的宝宝，适应、消化食物的能力增强，一般食物几乎都能吃了，甚至可以与妈妈爸爸吃同样的饭菜了。具体来说，新添加的辅食如下。

软饭

食物取材： 稠粥、面条等。

主要营养素： 碳水化合物、蛋白质。

制作方式： 煮、蒸、炖各类食物，使之细软易消化，常加入蔬菜、水果、肉末等增强其可口性和营养性。

蔬菜块、水果块、瘦肉块

食物取材： 各种适合宝宝的蔬菜、水果、瘦肉或动物肝。

主要营养素： 蛋白质、脂类、各种维生素、矿物质、膳食纤维，营养全面而充分。

制作方式： 与成人一致，直接切成块状即可，只是需要在烹饪时尽可能使之熟透易于嚼食。

丸子、饺子

食物取材： 面粉及各种蔬菜、豆腐、鱼肉、瘦肉。

主要营养素： 碳水化合物、蛋白质、铁、锌、B 族维生素、维生素 C、膳食纤维等。

制作方式： 与成人食谱相似，只是尽量不加调味料，不油炸，多用水煮或清蒸的方式烹饪。

全蛋（接近 1 岁时添加）

食物取材： 鸡蛋、鹌鹑蛋。

主要营养素： 蛋白质、脂肪、钙、磷、铁、维生素 A、维生素 D、B 族维生素等。

制作方式： 蒸全蛋、水煮蛋或炒鸡蛋皆可，除了少放调味料，其余同成人食物制作方式一致。

妈妈可能遇到的问题

宝宝积食怎么办

宝宝脾胃功能较差，又不知饥饱，当家长喂食过量时，很容易发生积食。其表现为食欲不振、厌食、口臭、肚子胀、睡眠不安甚至发热，久而久之会造成宝宝营养不良，影响其生长发育。防治小儿积食，可从以下几方面做起。

喂食少一些：民间有“要想小儿安，三分饥和寒”的俗语，告诫家长不宜给小儿喂食太多，否则容易“吃伤”肠胃，造成积食。一旦发现宝宝很久不思饮食，就说明食物添加太多了，需要适当减少辅食。

喂食慢一些：食物从吃第一口到完全感觉吃饱需要一定的时间，如果喂食过快，会造成明明已经吃饱了又多吃了一些的情况，容易造成积食。

食物品种多一些，量少一些：每顿饭给宝宝准备的食物品种多一些，量少一些，这样可预防宝宝遇到爱吃的而多吃，还能保证营养均衡。

宝宝不爱吃辅食怎么办

宝宝不爱吃辅食，原因有很多，找准原因再有针对性地解决。

超过8个月才首次添加辅食的宝宝，由于已经习惯了母乳或配方奶，会拒吃辅食。这时候要尽快添加辅食，变着花样做辅食，尽快将宝宝从母乳或配方奶中吸引出来。

宝宝拒吃辅食更多是因为家长添加的辅食在色、香、味方面欠佳，或者辅食太单调，对宝宝产生不了诱惑。如果是这种情况，在制作辅食时要多花点心思，提供给宝宝的食物要尽量多样化，即使是同一种食物，也要尽量做成不同的花样。

吃太多零食的宝宝，也经常表现为不爱吃辅食。家长不应在正餐前给宝宝吃饼干、点心等，哪怕量并不大，也会让宝宝血液中的血糖含量过高，没有饥饿感，正餐时根本不想吃，过后又以零食充饥，造成恶性循环。

饮食起居不规律的宝宝，如果晚睡晚起，耽误了早餐，午餐又吃得特别多，有暴饮暴食的趋势，这种不规律的饮食习惯容易导致宝宝胃肠功能紊乱，对辅食的兴趣就低。家长要首先调整宝宝的睡眠习惯，养成按时吃饭、按时睡觉的习惯。

当宝宝健康不佳的时候，如积食、感冒、腹泻、贫血等，也会影响食欲，要先治病，再考虑辅食的添加。

宝宝偏食怎么办

随着宝宝的不断成长，个人好恶也逐渐明显起来，偏食、挑食的问题出来了。从婴儿时期，家长就要注意培养宝宝的饮食习惯，及时纠正偏食、挑食习惯。

及时添加合适的辅食：宝宝对各种食物的接受，有一个感兴趣的敏感期，家长要在宝宝合适的月龄及时添加合适的食物品种，一旦宝宝错过这个时期，就很难接受新的口味。

不要在餐桌上品评食物：宝宝会模仿大人的饮食习惯，如果父母习惯在餐桌上品评食物，会对宝宝造成饮食好恶的影响。遇到宝宝不喜欢吃的食物，父母要带头吃并表现出津津有味的样子，吸引宝宝进食。

换个方式做辅食：如有的宝宝不爱吃蔬菜，只喜欢吃肉，可将蔬菜做成馅，包进饺子或包子里，或者榨汁等。也可变换食物的搭配方式，通过不同的色、香、味来吸引宝宝。

此外，还可通过给宝宝讲述不同食物的好处，或者带孩子逛菜市场等方式，加深宝宝对食物的理解，增强其兴趣，纠正其偏食习惯。

当然，如果宝宝实在不喜欢吃某种食物，妈妈努力多次仍然不凑效，也不要勉强宝宝进食，换一种营养价值相似的食物代替就可以了。

如何对付餐桌上的"脏宝宝"

1岁左右，很多宝宝都可以自己用手将食物送进嘴里了。由于不熟练，他常常将饭吃得满身、满地都是，现场一片狼藉，遇到这样的"脏宝宝"，该怎么处理呢?

可以先让宝宝学吃那些容易舀起的食物，如菜泥、蒸蛋羹。或者帮着宝宝扶着点勺子，帮他把饭送进口中。可选一把底部带吸盘的小碗和符合婴儿抓握的小勺子，会使宝宝更容易地把食物放进嘴里。如果担心弄脏地板，可提前在宝宝餐椅下面铺一些容易擦洗的塑料地垫或旧报纸。

小围兜是宝宝吃辅食的好帮手，饭前给宝宝穿上。如果宝宝的手上、脸上都很脏，还要提前准备好湿纸巾，当他用脏乎乎的小手乱抓摸眼睛或头发时，及时帮他擦干净。

总之，家长不能因为担心宝宝弄脏而剥夺他自己享受美食的"自主权"，他吃得开心比什么都重要。

牛奶红薯玉米糊

用料

红薯 30 克　　玉米面 40 克

配方奶粉 10 克

爱的叮咛

♥加入配方奶粉是为了便于宝宝接受，并减轻玉米粉的粗糙感。

♥此时的宝宝可以吃一些粗粮了，用玉米面煮粥是不错的选择。

制作

1. 红薯去皮，洗净，切成小块。
2. 先将红薯蒸熟。
3. 将玉米面、红薯入锅，加适量水熬至粥熟，熄火。
4. 配方奶粉用温开水冲调好，倒入粥中拌匀即可。

主打营养素

蛋白质、碳水化合物、膳食纤维、维生素 E、维生素 B_1

鸡肉蔬菜泥汤

用料

鸡肉 50 克　　米粉 30 克
青菜 20 克

制作

1. 鸡肉洗净，切成小块；青菜择洗干净，切碎。
2. 鸡肉入锅煮熟，捞出沥水；青菜用沸水焯一下，捞出沥水。
3. 米粉冲调好，放入鸡肉、青菜，拌匀即可。

爱的叮咛

♥ 也可用玉米淀粉将鸡肉腌制 10 分钟，肉质更软嫩。
♥ 变换花样，可以放入多种蔬菜，也可用水果颗粒代替青菜。
♥ 宝宝首次食用时，可将鸡肉块切得更细小一些，便于宝宝咀嚼和吞咽。

主打营养素

蛋白质、脂肪、膳食纤维、维生素 C

主打营养素

蛋白质、钙、维生素 C、维生素 E

香煎豆腐

爱的叮咛

♥ 变换花样，也可在豆腐煎黄后放入一些肉末煸熟，营养和口感更好。

♥ 豆腐煎黄又不碎的诀窍是不要切太薄，煎好一面后再煎另一面，煎的过程中不停晃动锅。

♥ 除了翻面用小火，其余时间用中火煎，可以减少油分。

用料

豆腐 100 克　　彩椒 1 个

香葱 2 棵　　蒜瓣 2 个

植物油适量

制作

1. 豆腐洗净，切成块；彩椒洗净，去蒂、籽，切碎；香葱择洗干净，切碎；蒜瓣拍碎。
2. 将植物油倒入炒锅烧至七成热，放入豆腐块，小心煎至两面金黄，铲出。
3. 植物油入锅烧热，放入彩椒粒、蒜、葱炒香，淋入煎好的豆腐上即可。

清蒸鱼块

主打营养素

蛋白质、不饱和脂肪酸、维生素C、维生素E

用料

鲈鱼100克　姜10克　彩椒1个

香葱2棵　植物油少许

制作

1. 鲈鱼去鳞、内脏，清洗干净，剁成块；姜去皮洗净，切成丝；彩椒去蒂、籽，切成丝；香葱择洗干净，切成丝。
2. 将鱼块放入蒸笼，撒上姜丝、彩椒丝、葱丝，淋上植物油，蒸20分钟即可。

爱的叮咛

♥ 除了鲈鱼之外，三文鱼、带鱼、鳕鱼、黄花鱼、鲳鱼，均是适合宝宝食用的种类，也可用这些鱼取代鲈鱼。

♥ 给宝宝喂食前，记得一定要将鱼刺挑干净哦！

主打营养素

淀粉、维生素C、胡萝卜素、维生素E、膳食纤维

土豆烩西蓝花

爱的叮咛

♥ 将蔬菜放入炒锅炒几分钟再加水炖，比直接入水炖熟的口感更好，宝宝更喜欢吃。

♥ 这道膳食即饱腹又能补充多种维生素，可以给宝宝当主食吃。

用料

土豆半个　　西蓝花100克

胡萝卜半根　　植物油适量

制作

1. 土豆、胡萝卜分别去皮，洗净，切成块；西蓝花掰成小朵，入盐水浸泡半小时，再洗净。
2. 植物油入炒锅烧热，放入土豆、胡萝卜、西蓝花混合炒3分钟，加水烧开后转小火煮至土豆软烂后，盛出即可。

主打营养素

B族维生素、维生素P、维生素E、膳食纤维

茄子煲

爱的叮咛

♥11个月之后的宝宝已经可以吃很多蔬菜块了，除了茄子，还可用红烧或炒的方法为宝宝烹饪胡萝卜、土豆、丝瓜、冬瓜、藕、木耳、荸荠、芹菜、竹笋、山药等蔬菜。

用料

茄子1个　　香葱2棵
蒜瓣2个　　植物油适量

制作

1. 茄子洗净，切成条；香葱择洗干净，切碎；蒜瓣拍碎，备用。
2. 植物油入炒锅烧至油升起小泡泡后转小火，放蒜煸成金黄，倒入茄条慢炸至茄条呈干蔫状。
3. 将茄条倒入小砂锅中，加少许水，盖上盖子小火焖煮5分钟，撒上葱花即可。

豆腐鱼头汤

主打营养素
蛋白质、钙、锌、维生素E、胡萝卜素、卵磷脂

用料

豆腐 100 克
鱼头 1 个
胡萝卜半根
香葱 2 棵
姜片 5 克
植物油适量
高汤适量
玉米淀粉适量

制作

1. 鱼头去鳞、鳃及头上的大鳍，洗净，对开切两半，涂抹上一层玉米淀粉。
2. 豆腐洗净，切成块；胡萝卜去皮，洗净，切成块；香葱择洗干净，切碎；姜去皮洗净，切成片。
3. 将植物油倒入炒锅烧至七成热，下姜片炒香，再放鱼头炸好，捞出控油。
4. 将鱼头、豆腐放入汤锅，加高汤以能刚好没过鱼头为宜，大火烧开后放入胡萝卜，转小火炖 30 分钟，撒上葱花即可。

爱的叮咛

♥ 这道辅食味鲜美，营养丰富，适合给宝宝常食。

♥ 也可在炸鱼头之后，锅底留油，将豆腐炸至两面金黄，再入汤锅。

主打营养素

碳水化合物、多糖、B族维生素

南瓜小米饭

爱的叮咛

♥ 如果用汤锅“煮”，可能会将小米饭熬成小米粥，那就是另一番口感和滋味了。与小米粥不同的是，这道辅食更能锻炼宝宝的咀嚼能力。

♥ 加入大米是为了避免纯小米饭口感太粗糙。

♥ 薄荷叶主要是为了增香提味，月龄小的宝宝可以不放。

用料

南瓜 50 克　　小米 40 克

大米 10 克　　薄荷叶少许

制作

1. 南瓜去皮、瓤，洗净，切成块；大米、小米分别淘洗干净；薄荷叶洗净。
2. 将南瓜、大米、小米蒸熟，撒上薄荷叶提味，盛出即可。

苹果草莓麦片粥

用料

苹果半个　　　　草莓 20 克

燕麦片 50 克

制作

1. 燕麦片淘洗干净；苹果洗净，去皮、核，切成块；草莓用流水冲洗干净，切成块。

2. 燕麦片放入锅内，加适量清水煮沸，转中火煮至熟软，放入苹果和草莓再煮 3 分钟即可。

爱的叮咛

♥ 如果孩子曾生吃过苹果、草莓，熄火后再放水果也行，这样可避免破坏维生素 C。

♥ 生燕麦片需要煮 20~30 分钟，熟燕麦片煮 5 分钟即可，以免营养被破坏。

主打营养素

碳水化合物、B 族维生素、维生素 C、膳食纤维

肉糜粥

用料

大米50克	瘦肉30克
猪肝20克	鸡蛋1个
香葱2棵	姜5克
植物油适量	盐5克

制作

1. 大米淘洗干净；姜去皮洗净，切成丝；香葱择洗干净，切碎；瘦肉洗净，用绞肉机绞碎。
2. 猪肝用盐水浸泡半小时，洗净切片，入沸水焯5分钟，盛出。
3. 植物油入锅烧热，放入姜丝爆香，加入肉末炒香，放入猪肝翻炒均匀，盛出。
4. 锅中放大米及适量清水煮至粥将熟，打入鸡蛋煮熟，倒入炒好的肉末和猪肝，撒上葱花即可。

爱的叮咛

♥ 给宝宝吃的猪肝，在浸泡、洗净之后，最好在开水中焯一下再炒，更卫生。

♥ 第一次给宝宝喂食这道膳食时，不要让宝宝吃太多，先看看宝宝的适应程度。

主打营养素

糖类、淀粉、膳食纤维、硒、花青素

紫薯糖水

用料

紫薯1个

冰糖少许

制作

1. 紫薯去皮，洗净，切成块。
2. 锅中放适量水，加紫薯炖至熟，放少许冰糖，炖化即可。

爱的叮咛

♥ 宝宝适合少糖饮食，放冰糖尽量少，或者不放也可。

♥ 一次不宜给宝宝喂食太多，几块即可，最好搭配着富含优质蛋白的食物一起吃，营养更丰富。

主打营养素

蛋白质、不饱和脂肪酸、铁、锌、维生素E

肉松蒸鸡蛋

用料

鸡蛋1个　　香葱2棵

肉松适量　　香油适量

制作

1. 香葱择洗干净，切碎。
2. 鸡蛋打入碗中，顺着一个方向搅打均匀，再加少许温水搅2分钟。
3. 用过滤网将多余的浮沫过滤掉，将蛋液倒入蒸碗，蒸5~8分钟，取出，撒上葱花，放入肉松，加少许香油拌匀即可。

爱的叮咛

- 鸡蛋和水的比例为1:2时，蒸出来的蛋更滑嫩。
- 蒸前蛋液要过筛，把鸡蛋里不能融合的浮沫过滤掉。
- 蒸的时候倒扣一个盘子，这样水蒸气水珠不会倒流入蛋液里，口感更滑嫩。

香菇蛋花汤

爱的叮咛

♥ 这道膳食营养又美味，软香又可口，有提升宝宝食欲的作用。

♥ 根据宝宝的适应情况，加入少许肉末，口感更佳，营养也更丰富哦！

用料

香菇5朵　　豆腐50克

鸡蛋1个　　香葱2棵

玉米淀粉适量　　植物油适量

制作

1. 香葱择洗干净，切碎；香菇、豆腐分别洗净，切成小块；鸡蛋磕入碗中打匀；玉米淀粉勾薄芡，备用。

2. 植物油入炒锅烧热，放入香菇翻炒至软，放入豆腐，倒入适量水煮熟。

3. 浇上薄芡，淋入蛋液，煮沸后熄火，撒上葱花即可。

主打营养素

蛋白质、卵磷脂、钙、锌、钾、B族维生素、维生素D、维生素E

第六章

1~1.5岁，能吃的美食更多了呢

这个阶段的宝宝几乎能咀嚼很多常见食物了，消化吸收能力显著加强，有时候甚至可以跟爸爸妈妈共用一个餐桌吃饭了，小手吃饭的样子俨然是家庭成员中的一份子了。如果宝宝已经断奶，家长尤其要注意平衡其膳食。

生理发育特点与营养需求

1 周岁后，宝宝的生长速度开始减慢，直到少年期下一个生长高峰，他的身高和体重均稳定增加，对各类营养素的需求更全面和充分，饮食结构相较于之前会有很大的变化。

对宝宝来说，这个阶段还有一个很大的变化——断奶，饮食结构需要从以乳为主逐渐过渡到以饭菜为主。这个过程无论对妈妈还是对宝宝，都是一个很大的考验，辅食添加需要更谨慎。

以上情况决定了 1~1.5 岁宝宝以下营养需求：

◎**营养要全面。**全面的营养素补充是幼儿生长发育的第一原则，必需的营养素包括碳水化合物、蛋白质、脂肪、维生素、矿物质、膳食纤维、水，这七大营养素必须能从食物中获得。

◎**多样化。**每一道辅食，妈妈都要注意变换食物品种、烹饪方式，最好常让宝宝尝试新的辅食品种，妈妈的菜单约长越好。宝宝能吃多少不重要，重要的是宝宝能否吃到多种多样的食物。

◎**营养要均衡。**如果营养素摄入比例不平衡，会影响宝宝的生长发育，在纠正宝宝偏食、挑食的同时，家长还要提供更科学的膳食结构以均衡营养。

1~1.5 岁宝宝一日食谱参考

6:00

种类：母乳或配方奶 250 毫升

主打营养素：全部

8:00

种类：菜粥或肉粥 1 碗

主打营养素：碳水化合物、蛋白质、脂肪、维生素、矿物质、膳食纤维

12:00

种类：米饭或面条 1 碗，菜肴 100 克

主打营养素：碳水化合物、蛋白质、脂肪、各种维生素、矿物质及膳食纤维

15:00

种类：饼干、点心 2~3 块；或水果 50~80 克

主打营养素：碳水化合物、B 族维生素、维生素 C、膳食纤维

18:00

种类：菜粥、肉粥或面条 1 碗，菜肴 50 克

主打营养素：碳水化合物、蛋白质、脂肪、各种维生素、矿物质及膳食纤维

21:00

种类：母乳或配方奶 250 毫升

主打营养素：全部

（注：如果已断奶，配方奶可减至每天 500 毫升以下。）

新添加的辅食

1~1.5 岁的宝宝，饮食习惯已趋于成年人，可以享用的美食种类有很多。新添加的辅食如下。

米饭

食物取材：主要是大米。

主要营养素：碳水化合物、蛋白质、B 族维生素。

制作方式：用电饭煲蒸熟。

肉汤

食物取材：鱼肉、猪肉、牛肉、羊肉、鸡肉、鸭肉等。

主要营养素：蛋白质、脂肪、锌、铁、钙、钾、B 族维生素等。

制作方式：小火慢炖，但要注意少盐、少调味品。

点心

食物取材：面粉、馅料。成品包括各式包子、饺子、饼、酥、糕、卷以及麻花等。

主要营养素：主要是碳水化合物，其他营养素视馅料材料而定，馅料取材越丰富，营养素种类越多。

制作方式：煎、蒸、烤等，视点心种类而定，注意少糖、少调味品。

一些粗纤维食物

食物取材：如玉米、荞麦、燕麦、豆类、韭菜、黄花菜、竹笋、海带等。

主要营养素：主要是膳食纤维，每种食物又有各自不同的其他营养素。

制作方式：同成年人饮食烹饪方法，但制作时，应切得更细小一些，便于宝宝咀嚼。

各种菜肴

食物取材：各种动物性食物、植物性食物。

主要营养素：人体所需的七大营养素均应包括，视食物种类而定。

制作方式：一般中餐烹饪方式皆可。推荐蒸制，蒸制的食物含油脂少，并能在很大程度上保存菜的各种营养素，更符合宝宝辅食的要求。

坚果

食物取材：核桃、板栗、松子、花生、葵花籽、榛子等。

主要营养素：蛋白质、油脂、矿物质、维生素等。

制作方式：可以直接食用，但建议切碎，甚至制成粉状食用，并且注意控制量，每天吃坚果不宜超过 30 克，若超过，就要减少食用油量和饮食量。

Tips

宝宝吃坚果时需要大人监护，避免坚果颗粒堵塞宝宝气管而发生意外。有的国家规定，家长不能给 5 岁以下的孩子吃整粒的坚果。

妈妈可能遇到的问题

怎样循序渐进地断奶

对宝宝来说，断奶不仅仅是不让他吃妈妈的乳头了，还让他有与妈妈分离的感觉，宝宝从感情上很难接受，所以断掉的是宝宝身体上和心理上的双重需要，科学断奶，应循序渐进。

选择最佳断奶时机：一般在 1 岁左右断奶。如果母乳量充足，质量佳，可以适当延迟一段时间，但最好不要超过 2 岁。断奶最好选择秋季、宝宝没有患病的前提下。

成功断奶是建立在添加辅食的基础之上：不要给从未吃过辅食的宝宝断奶。确定了断奶的大致日期，提前两个月开始，每天减少一顿奶，同时加大辅食量，观察宝宝适应情况。如果宝宝适应良好，一周后可再减去一顿奶，加大辅食量。这样逐渐给宝宝的肠胃和心理适应时间。另外注意，减奶最好先减白天，再减早晚。因为白天有很多东西吸引宝宝，早晨和夜晚的宝宝对妈妈非常依恋，不容易断。先断掉白天，再逐渐停止夜晚喂奶，慢慢完全断奶。

抚慰宝宝不安的情绪，但断奶态度要坚决：在断奶期间，宝宝有不良情绪是正常的，妈妈要注意关心和照顾，花更多时间陪伴宝宝。不要采取离开宝宝的方式断奶，宝宝没有母乳吃又看不到妈妈会更焦虑，不能生硬或强制断奶伤害宝宝的情感。但也不能宝宝一哭闹就下不了断奶的决心，反复断奶只会一再刺激宝宝的不良情绪。

断奶后宝宝怎样饮食

首先是配方奶对母乳的接棒。断奶不是不用吃奶，宝宝还需要每天喝奶，配方奶可以提供给宝宝平衡的营养素，建议至少喝到 3 岁。

然后是辅食的分配。根据膳食营养金字塔，宝宝的主食以谷物类为主，每天吃粥、面条、米饭等任何一种，100~200 克。通过鱼、肉、蛋补充蛋白质，每天吃肉丸 2~10 个、鸡蛋 1 个、鱼肉小半碗、豆腐小半碗等任何一种，补充蛋白质 25~30 克。同时，还要注意水果、蔬菜的补充，每天吃水果 50~100 克，蔬菜 50~100 克，且不能以水果代替蔬菜。为了做到营养丰富均衡，食物取材种类要尽可能多样，荤素搭配，粗细结合。

最后是进餐次数。由于宝宝胃容量有限，一次不宜吃太多，最好是每日三餐之外再加 2~3 餐，加餐可用点心、水果等代替，每天进餐次数不宜超过 6 餐。

宝宝不爱吃蔬菜，为什么不能用水果代替

蔬菜口感不及水果，所以有些宝宝就拒绝蔬菜。蔬菜和水果的某些营养成分比较相似，有些家长就给宝宝吃水果，以为水果可以代替蔬菜。这是一种饮食误区。

与水果相比，蔬菜含矿物盐，如钙、磷、钾等较多，新鲜蔬菜所含的维生素 C、胡萝卜素等也比水果多很多倍，膳食纤维也比水果多很多。这些都是蔬菜的优势。而且蔬菜可用炒食、凉拌等多种烹饪方式加工制作成不同辅食种类。所以妈妈要培养孩子爱吃蔬菜的习惯。

但也不能走入另一个极端：用蔬菜代替水果。水果中的有机酸、芳香类物质比蔬菜多，口感佳，而且生吃比较方便，营养成分保存得比较好，这是蔬菜所不能取代的，所以经常要在两餐之间给宝宝添加水果。

怎样尽可能多地保留食物中的营养素

食物在加工烹饪过程中会发生一系列的物理化学变化，使某些营养素遭到破坏。宝宝虽然进食量少，但对营养素的需求并不少，所以要讲究烹饪方法，尽可能多地保留食物中的营养素，减少不必要的流失。

1 蒸制的饭菜，尤其是谷物类，维生素 B_1 和维生素 B_2 保存率更高，营养流失率比炒、煮低。宝宝的面条、饺子最好连汤一起喂食，可减少流失。

2 蔬菜要选购新鲜的，烹饪时先洗后切，用旺火急炒或小火煮，做汤或焯菜时要等水开了再把菜放入，蔬菜要现做现吃，切忌反复加热。以上这些可最大限度地减少维生素 C 的流失。

3 在做肉汤时，可加少许醋，有助于促进动物骨骼中钙质的溶解，增加肉汤中的钙含量，促进人体对钙的吸收。

4 水果在吃的时候再削皮，不吃时不削皮，避免维生素氧化流失。

5 少吃油炸食物、烧烤，高温对维生素有破坏作用。

怎样添加点心、零食

1岁后的宝宝，常以点心、零食作为加餐。点心、零食该怎样加呢？

种类的选择： 宝宝点心，宜选择易消化的米、面制成的点心，既可补充能量，又不伤及肠胃。适合的点心有包子、饼干、小馒头、糕点等，但不宜选糯米制作成的粽子、烧卖等。

口味的选择： 含糖量比较高的点心不适合给宝宝常食，会增加患龋齿的概率。也不宜选太咸、太油腻的点心，会加重宝宝的肝肾负担，并使宝宝养成重口的习惯。

加餐时间的选择： 点心、零食不能随时吃，最好固定在饭后1~2小时，如上午10点左右，下午3点左右。加得太早，宝宝还不饿，加得太晚，食物还没消化完又该吃正餐了，宝宝没有食欲，就不想吃了。

其他注意事项： 不能让宝宝吃太多点心，否则会降低宝宝对正餐的食欲；有些含奶油、果酱、肉末的点心，不宜存放很常时间又拿给宝宝吃，避免宝宝肠胃感染。

宝宝不专心吃饭怎么办

宝宝吃饭是很多父母头疼的一件事，有的宝宝把食物当玩具玩，有的宝宝端着饭碗满地跑，有的宝宝一边吃饭一边玩玩具。活泼好动，这是宝宝长大的表现，但若吃饭时太过“活泼”，就需要家长采取一些措施了。

给宝宝固定位置吃饭： 将宝宝固定在一个位置吃饭，一旦宝宝离开，妈妈就将饭菜端走，不要用玩具将宝宝逗引到餐桌前，也不要在宝宝屁股后面追着喂。一旦宝宝意识到离开这个位置就要挨饿，就会乖乖回到餐桌前。

给宝宝限定吃饭时间： 饭前，妈妈可明确告诉宝宝，这顿饭要吃多长时间，超过这个时间，就把饭菜端走，并告诉宝宝，如果没有吃饱，就只能等到下一顿。这样坚持数次，宝宝就会明白，边吃边玩就会挨饿，慢慢养成在规定时间内吃完饭的习惯。

在采取措施时，妈妈不要在宝宝饿的时候提供零食，否则就会前功尽弃。需知一顿两顿挨饿并不会对宝宝的健康带来危害，不正确的饮食习惯对宝宝的健康危害反而更大。

玉米浓汤

用料

玉米粒 50 克　　大米 30 克
面粉适量

制作

1. 玉米粒洗净，切碎；大米淘洗干净。
2. 将玉米粒和大米一起入锅，加适量清水煮熟。
3. 面粉加适量水搅成面糊，倒入锅，一边倒一边搅拌，预防糊锅。煮熟即可。

爱的叮咛

♥ 煮好的玉米浓汤既黏稠颜色又漂亮，能激发宝宝食欲。
♥ 变换花样，用鸡蛋液代替面粉也可以，营养价值更高。根据宝宝的口味，也可加一些蔬菜粒或者肉末。

主打营养素

碳水化合物、胡萝卜素、维生素 E

荞麦麦片粥

用料

燕麦片 50 克
荞麦 20 克

制作

1. 荞麦提前用水浸泡 3 小时以上；燕麦片洗净。
2. 将荞麦、燕麦片一起入锅，加适量水烧开，转小火熬至粥熟即可。

爱的叮咛

♥ 因为荞麦、燕麦都是粗粮，膳食纤维较多，荞麦不宜放太多，否则口感太粗糙。也可加入适量大米，口感会更细腻。

♥ 煮得时间要长一些，最好煮至粥熟烂。

主打营养素

膳食纤维、B族维生素、碳水化合物

主打营养素

蛋白质、维生素C、维生素A、维生素D、铁、卵磷脂

菠菜西红柿炒鸡蛋

用料

菠菜3棵　　西红柿1个
鸡蛋2个　　植物油适量
盐1克

制作

1. 菠菜择洗干净，切成小段；西红柿洗净，切片。
2. 鸡蛋打入碗中，放入菠菜段，拌匀。
3. 炒锅加油烧热，放入菠菜蛋液炒至凝固，倒入西红柿片、盐，炒熟即可。

爱的叮咛

♥ 变换花样，也可加一些香葱，口感更鲜。

♥ 菠菜和蛋液搅拌，可使蛋的口味更好。也可将蛋液单独炒，将菠菜焯1分钟再放炒锅炒匀。

虾仁炒西蓝花

用料

西蓝花 100 克　　虾 100 克
植物油适量　　玉米淀粉适量
盐 1 克　　酱油适量

爱的叮咛

♥ 最好选用鲜虾，保证新鲜度。
♥ 西蓝花焯水时间不宜太长，1~2 分钟即可，否则会失去脆感。

制作

1. 虾去头，取出虾线，清洗干净，用玉米淀粉、酱油腌 10 分钟
2. 西蓝花掰成小朵，入水浸泡 30 分钟，沸水加盐中焯至八成熟，捞出过凉水，控水待用。
3. 炒锅中加植物油烧热，放虾仁炒至变色，再放西蓝花、盐，炒匀即可。

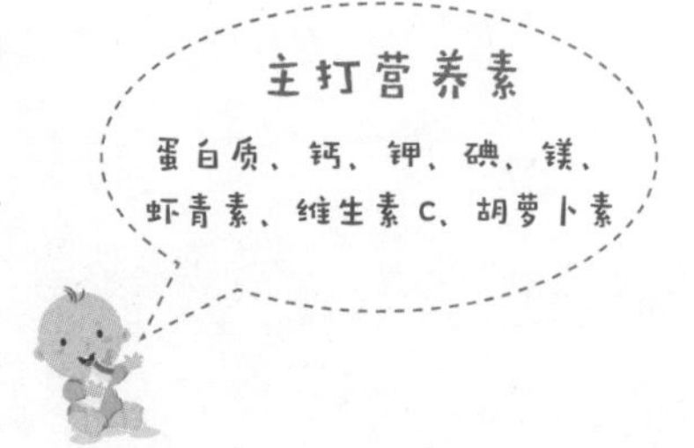

菜椒洋葱炒鸡肉

用料

菜椒1个　　洋葱半个
鸡胸肉100克　　盐1克
生抽适量　　植物油适量
玉米淀粉适量

爱的叮咛

♥ 鸡肉含蛋白质丰富，菜椒、洋葱维生素C含量丰富，二者搭配，既营养又开胃。

♥ 也可将鸡肉炒好盛出，将菜椒和洋葱单独炒至洋葱变色，再放入鸡肉同炒。

制作

1. 菜椒去蒂、籽，切片；洋葱去干皮，洗净切片；鸡胸肉洗净，切块，用生抽、玉米淀粉、盐腌10分钟。
2. 植物油入炒锅烧热，倒入鸡肉炒至八成熟，再加洋葱、菜椒同炒至熟即可。

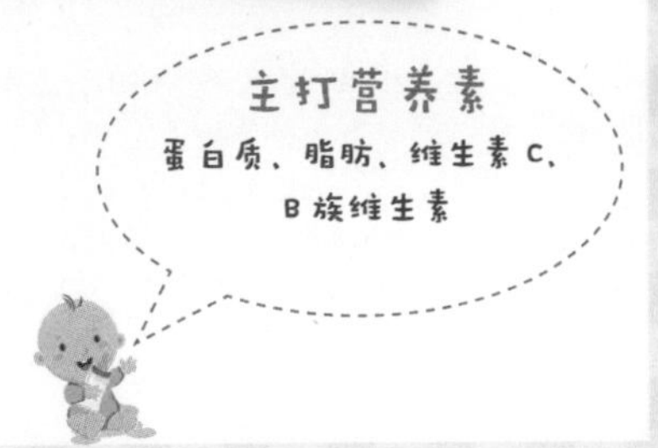

主打营养素

碳水化合物、蛋白质、脂肪、维生素 A、维生素 D

爱的叮咛

♥ 用肉末做这道膳食也可以。肉丸只是换了一种做法，增加宝宝对辅食的新鲜感。

♥ 变换花样，也可将肉丸加水和青菜做成肉丸汤，比肉丸粥更爽口。

肉丸粥

用料

大米 50 克　猪肉 50 克
面粉适量　鸡蛋 1 个
姜 10 克　香葱 2 棵
欧芹叶 10 克　盐适量
酱油适量　玉米淀粉适量
香菜

制作

1. 香葱择洗干净，切碎；姜去皮洗净，一部分切碎，一部分切丝；欧芹叶洗净；猪肉用手工剁碎；鸡蛋取蛋清。
2. 肉馅中加盐、酱油、姜末、蛋清，向着一个方向搅匀。
3. 汤锅加凉水烧至水底冒小泡，将肉馅抓在手中，从虎口处均匀挤出一个个小丸子，放入水中，煮至丸子飘起，撇掉浮沫，捞出丸子。
4. 大米淘洗干净，与姜丝一起入汤锅熬至粥将熟，倒入丸子，撒上葱花、欧芹叶，再煮 1~2 分钟即可。

醋溜土豆丝

用料

土豆1个　醋少许
香葱2棵　盐1克
植物油适量

制作

1. 土豆去皮洗净，切成细丝，洗去淀粉，控水；香葱择洗干净，切碎。
2. 植物油入炒锅烧至七成热，放入葱花爆香，加土豆丝炒至将熟，放入醋、盐，炒匀即可。

爱的叮咛

♥ 变换花样，白菜、包菜、绿豆芽等蔬菜也可用这种方法烹饪。
♥ 醋不要放太多，以免宝宝不适应或养成重口的饮食习惯。

主打营养素

淀粉、钾、膳食纤维

蒜蓉菠菜

用料

菠菜 100 克　　蒜瓣 2 个
植物油适量　　盐 1 克

制作

1. 菠菜择洗干净，切成小段；蒜瓣放入蒜臼中捣碎成泥状。
2. 菠菜入沸水烫一下，捞出控水。
3. 植物油入炒锅，放入菠菜煸炒几下，加蒜蓉、盐，炒 1 分钟即可。

爱的叮咛

♥ 菠菜入水烫一下，可以去除 80% 的草酸。
♥ 变换花样，小白菜、空心菜、上海青等青菜也可用这种方法烹饪。

主打营养素

类胡萝卜素、维生素 C、维生素 K、铁

炒豆芽

爱的叮咛

♥ 变换花样，也可用蒜苗代替香葱，口味更鲜。

♥ 花生米煮熟后立即过凉水，更容易去红衣。这个过程虽然很麻烦，口感却很特别，宝宝第一次食用也许就被吸引了呢！

用料

黄豆芽 100 克　　花生米 10 克
香葱 2 棵　　植物油适量
盐 1 克

制作

1. 花生米洗净，入沸水中煮熟，捞出入凉水后去红衣。
2. 香葱择洗干净，切成段；黄豆芽择洗干净，控水备用。
3. 植物油入锅烧至七成热，放入葱段炒香，再放入黄豆芽煸炒入味，加入花生米、盐，炒匀即可。

主打营养素

蛋白质、胡萝卜素、维生素 E、维生素 B_{12}、不饱和脂肪酸

爱的叮咛

♥ 宝宝不能一次将一条鲈鱼吃完，搭配着粥和米饭吃更营养。

♥ 也可在鲈鱼蒸好后，浇上调味汁，也许口味更能吸引宝宝。

清蒸鲈鱼

用料

鲈鱼1条	大葱1棵
姜10克	彩椒1个
鱼豉油适量	盐2克

制作

1. 大葱择洗干净，切丝；姜去皮，洗净切丝；彩椒去蒂、籽，切丝。
2. 鲈鱼清洗干净，划花刀，用鱼豉油、盐、葱丝、姜丝、彩椒丝腌10分钟。
3. 将鲈鱼放入蒸笼，再撒一些葱丝、姜丝，蒸半小时后，再焖5分钟即可。

韭苔炒猪肝

用料

韭苔 100 克　猪肝 100 克　姜 10 克
盐 5 克　生抽适量　玉米淀粉适量
植物油适量

爱的叮咛

♥ 新鲜的猪肝外表红亮、整体颜色一致、泛健康光泽。

♥ 猪肝切成约 0.5 厘米的厚度比较合适，不能太薄，否则不宜保持其滑嫩。

制作

1. 猪肝用盐水浸泡半小时，然后在水龙头下反复冲洗几遍，切片，用生抽、盐、玉米淀粉抓拌均匀，腌 10 分钟。
2. 韭苔洗净，切成段；姜去皮洗净，切碎。
3. 植物油入炒锅烧热，倒入猪肝炒至变色，盛出备用。
4. 锅底留油，倒入姜末爆香，再放韭苔翻炒 1 分钟，加一点生抽，再加入猪肝翻炒均匀即可。

清炖鱼

爱的叮咛

♥ 白糖要少放一些，其作用主要是为了去腥。

♥ 炖的时间更久一些，可使汤汁浓白，鱼汤的营养价值更高。

♥ 炖的中途最好不要加水，汤味更鲜。

用料

鱼 1 条　　大葱 1 棵

姜 10 克　　香菜 10 克

白糖适量　　植物油适量

制作

1. 鱼去鳞、内脏，清洗干净，剁成块备用。
2. 大葱、香菜分别择洗干净、切段；姜去皮洗净，切片。
3. 植物油入锅烧热，放入姜片、葱段爆香，放入鱼块，加水没过鱼块，放入香菜、白糖。
3. 中火煮开，撇静浮沫，转小火煮熟，加盐调味。盛出时去除葱段、香菜段即可。

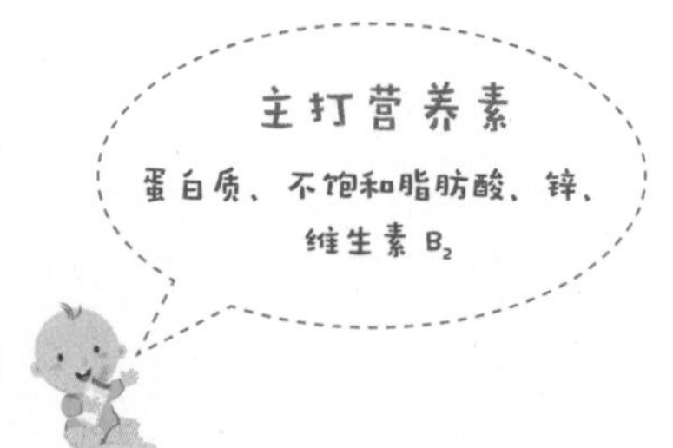

海带豆腐汤

爱的叮咛

♥ 变换花样，也可以放入一些青菜类点缀，或者放一些紫菜增鲜，或者放一些肉末增强营养。

♥ 用老豆腐、冻豆腐也可以，只是嫩豆腐的口感更好，用老豆腐时最好煎一下再炖。

用料

海带100克　嫩豆腐80克　芝麻10克
香葱2棵　姜10克　蒜瓣2个
盐1克　生抽适量　植物油适量

制作

1. 海带泡发，洗净，切好；嫩豆腐洗净，切成小块；香葱择洗干净，切碎；姜去皮洗净，切碎；蒜瓣拍碎。
2. 植物油入锅烧热，放入姜末、蒜蓉爆香，倒入少许生抽，加适量水烧开。
3. 放入豆腐块大火煮5分钟，加少许盐，放海带煮30分钟，撒入葱花、芝麻即可。

爱的叮咛

♥ 竹笋要斜着切，更容易嚼，也更入味。

♥ 变换花样，也可以肉片代替肉末。加入彩椒、青菜是为了增色，提升宝宝的食欲。

主打营养素

蛋白质、脂肪、维生素 C、维生素 E、膳食纤维

肉末炒竹笋

用料

竹笋 100 克
肉末 50 克
彩椒 1 个
青菜 2 棵
姜 5 克
蒜瓣 2 个
盐 1 克
生抽适量
植物油适量

制作

1. 竹笋洗净，斜着切薄片；彩椒去蒂、籽，切成块；青菜择洗干净，切成段；姜去皮洗净，切碎；蒜瓣拍碎。
2. 植物油入炒锅烧热，放入姜末、蒜蓉、彩椒炒香，放入肉末翻炒 1 分钟，再放生抽炒 1 分钟，盛出备用。
3. 锅底留油烧热，放入竹笋、青菜快速翻炒至将熟，放盐及炒好的肉末翻炒均匀即可。

蔬菜丸子汤

爱的叮咛

♥ 变换花样，放青菜或其他宜炖的蔬菜也可，有助于补充不同的营养素。

♥ 相较于绞肉机绞出的肉末，用手工剁的肉末口感更好，也更容易被宝宝消化吸收。

用料

西蓝花50克　胡萝卜半根　冬瓜30克
猪肉50克　面粉适量　香葱2棵
姜10克　生抽适量　香油适量
玉米淀粉适量　盐适量

制作

1. 冬瓜去皮，洗净，切成块；胡萝卜洗净，切成块；香葱择洗干净，切碎；姜去皮洗净，切碎。
2. 西蓝花掰成小朵，入水浸泡30分钟，沸水加盐焯1分钟，捞出过凉水，控水待用。
3. 猪肉洗净，剁碎成泥，用盐、生抽、葱花、姜末拌匀，再加适量玉米淀粉、清水，顺着一个方向拌上劲。
4. 锅里加清水烧开，肉馅抓在手中，从虎口处挤出一个个小丸子，煮至丸子飘起来，撇去浮沫，下入冬瓜、胡萝卜、西蓝花、盐，小火煮至蔬菜熟透，撒上葱花，滴入两滴香油即可。

主打营养素

蛋白质、胡萝卜素、维生素C、不饱和脂肪酸

肉末蒸豆腐

爱的叮咛

♥ 变换花样，也可在上蒸笼的时候，在肉末上打上一个鸡蛋，营养更丰富。

♥ 肉末和豆腐搭配，除了蒸，还可以炒、炖、红烧等，妈妈可以变换花样给宝宝烹饪。

用料

肉末 30 克	嫩豆腐 100 克
香葱 2 棵	姜 5 克
彩椒 1 个	盐适量
生抽适量	植物油适量

制作

1. 嫩豆腐洗净，切成片；香葱择洗干净，切碎；姜去皮洗净，切碎；彩椒去蒂、籽，洗净，切碎。

2. 植物油入锅烧热，放入肉末、姜末、彩椒末翻炒 1 分钟，加生抽、盐，翻炒至有香味，盛出。

3. 豆腐放入蒸笼，将肉末均匀地放在豆腐上，撒上葱花，大火蒸至水开后转小火蒸 5 分钟即可。

主打营养素

蛋白质、脂肪、钙、维生素 E

木耳炒鸡蛋

爱的叮咛

♥ 变换花样，可加入胡萝卜或黄瓜，营养更丰富。

♥ 打鸡蛋时，加入适量的温水，不容易炒老。

用料

木耳 100 克	鸡蛋 2 个
姜 5 克	蒜瓣 2 个
植物油适量	盐适量

制作

1. 木耳泡发，去蒂，摘成片；鸡蛋打入碗中，搅散；姜去皮洗净，切碎；蒜瓣拍碎。
2. 将木耳放入沸水中焯熟，捞出沥水备用。
3. 植物油入炒锅烧至七成热，倒入蛋液炒熟，盛出备用。
4. 锅底留油继续加热，放入姜、蒜爆香，放入木耳，大火翻炒几下，再放炒好的鸡蛋，加盐翻炒均匀即可。

主打营养素

蛋白质、碳水化合物、铁、钙、单宁酸

莲藕排骨汤

爱的叮咛

♥ 汤锅中放凉水，不要用温水或烧热，这样炖出来的肉质比较嫩。

♥ 莲藕切好后可以立即用清水泡起来，不会被氧化变黑。

用料

莲藕 100 克　　排骨 100 克

香葱 2 棵　　姜 10 克

盐适量　　香油适量

制作

1. 莲藕去皮，洗净，剁成块；排骨洗净，剁成块；香葱择洗干净，切碎；姜去皮洗净，切成片。

2. 排骨用沸水焯 2 分钟，捞出。

3. 汤锅中放入排骨、藕，加水没过，放姜片、葱花，大火烧开后，转小火炖 40 分钟，加盐调味，滴入两滴香油即可。

第七章

这个阶段的宝宝喝奶更少，几乎能吃所有成人吃的食物了，辅食也渐渐成了主食。这就要求宝宝的饮食既要全面均衡，又要注意主食与辅食的搭配，同时更要密切关注宝宝的消化问题，避免喂食不当造成消化不良。

生理发育特点与营养需求

这个阶段的宝宝自我意识已经萌发，对周围一切事物都很新奇，喜欢玩，很难安静下来，也许会将家里弄得乱糟糟的。这些决定了宝宝很难像幼儿时期一样让家长乖乖地喂饭，他的注意力从“吃”转到“自己吃”上，饮食习惯的培养与食物的吸引力在一定程度上影响着宝宝的营养情况。

虽然宝宝的生长发育速度慢下来了，但仍然处于极速发育阶段，对七大营养素的需求仍然要求全面、均衡，并注意突出主食的地位，因为这是宝宝从幼儿饮食迈向儿童饮食的重要环节。

以上情况决定了 1.5~2 岁宝宝以下营养需求：

◎坚持荤素搭配，粗细结合。宝宝每日的食谱中最好包括五谷杂粮、蛋、奶、蔬菜、水果、肉、肝，使食物中的营养素互相补充，发挥营养素之间的互相协调作用。

◎加大主食喂食量。主食以米、面等谷类食物为主，减少零食，纠正偏食，定时定量喂食，帮宝宝养成良好的饮食习惯。

◎保证食物品种的丰富性、烹饪方式的多样化。只有食物具有足够吸引力，宝宝才有食欲，才能吸收到更多的营养。

1.5~2 岁宝宝一日食谱参考

6:00

种类：配方奶 250 毫升
主打营养素：全部

8:00

种类：菜肉或肉粥 1 碗
主打营养素：碳水化合物、蛋白质、脂肪、维生素、矿物质、膳食纤维

12:00

种类：面条、米饭、饺子其中一种 1 小碗，荤素搭配菜肴 100 克
主打营养素：碳水化合物、蛋白质、脂肪、维生素、矿物质、膳食纤维

15:00

种类：水果 100 克
主打营养素：维生素、膳食纤维

18:00

种类：菜粥、米饭、面条其中一种 1 小碗，或包子 1 个，全蛋、蔬菜共 100 克
主打营养素：碳水化合物、蛋白质、脂肪、维生素、矿物质、膳食纤维

21:00

种类：配方奶 250 毫升
主打营养素：全部

新添加的辅食

1.5~2岁的宝宝，可以吃的食物品种几乎没有什么禁忌了（特殊食物除外，如果冻、蜂蜜等），食物由辅食向主食转变。新添加的食物如下。

各种面食

食物取材：以面粉制成的各种食物，如汤面、捞面、炒面、馒头、花卷、包子、烧饼、馄饨、饺子、土司等。

主要营养素：主要是碳水化合物，兼有各种维生素、矿物质，根据配菜种类的做法不同，营养素种类也不同。

制作方式：一般中餐烹饪方式皆可，但要注意少盐、少调味品。

其他主食

食物取材：如炒米、盖浇饭、杂粮饭及杂粮点心等。

主要营养素：主要是碳水化合物，兼有各种维生素、矿物质，根据搭配的不同，营养素种类也不同。

制作方式：一般中餐烹饪方式皆可，但要注意少盐、少调味品。

豆浆

食物取材：主要是黄豆、绿豆、黑豆、赤小豆等豆类，常加坚果及某些蔬菜。

主要营养素：主要是蛋白质、钙、磷脂，兼有各种维生素、矿物质，搭配不同，营养素种类不同。

制作方式：直接用豆浆机打豆浆即可，建议不放糖或少放糖。

Tips

1.5岁之后的宝宝，也可以吃一些调味品了，如酱油、醋、蚝油等，能增加菜肴的色、香、味，增强宝宝食欲。但原则上要求宝宝辅食尽量清淡，少放调味品，不用刺激性调味品。

妈妈可能遇到的问题

为什么说宝宝吃七分饱就可以了

“三分饥寒七分饱”，这是时下比较流行的育儿理念，其中蕴含着大智慧。

首先，宝宝消化器官稚嫩，活动量有限，饮食过饱会加重消化器官的负担，容易导致消化系统紊乱。七分饱则既能保证其生长发育所需营养，又不使消化器官负重。

其次，宝宝吃得过饱容易形成肥胖体质，而肥胖体质是中老年高血压、心血管疾病形成的重要原因。宝宝肥胖，还会影响其骨骼生长，限制宝宝身高发育。

最后，让宝宝适当“饿一饿”，吃饭时他才会有进食的欲望，才会懂得吃饭的意义，才不至于在吃饭时捣蛋、乱跑，这对培养饮食习惯有益。

宝宝能吃大人饭吗

虽然宝宝的咀嚼能力提升了，但 2 岁之前的宝宝最好还是不要吃大人饭。这是因为：

1 宝宝并未掌握所有进食技巧，如不能咀嚼蔬菜中较长的纤维、不会分离鱼刺，有一定的安全隐患。

2 婴幼儿正处于生长发育的快速时期，对营养要求比成人更高，吃大人饭可造成营养不足。

3 宝宝的乳牙在 2 岁半 ~3 岁左右才能长齐，现阶段咀嚼能力较差，大人饭制作不够精细，吃大人饭可导致食物没被完全嚼碎就吞咽下去了，增加宝宝的肠胃负担，易导致腹泻、腹胀等消化不良的情况。

4 大人饭比宝宝饭口味更重，里面加了很多不适合婴幼儿的调味品，如花椒、八角、咖喱等，吃过大人饭的宝宝会拒绝清淡饮食。

宝宝什么时候才能吃大人饭呢？咀嚼能力的强弱是决定宝宝能否吃大人饭的关键，所以至少要等到宝宝乳牙完全萌发之后才可以吃大人饭。且大人饭菜的菜谱和食物也要安全健康，营养均衡，少油少盐，并以谷物、蔬菜、鱼、肉、蛋为主。

宝宝生病时怎样饮食

断奶后的宝宝，如果身体不舒服，就不能像之前那样以母乳抚慰了，怎样饮食才科学呢？

不要勉强喂食：宝宝生病时一般食欲不佳，此时不要勉强宝宝吃东西。但一定要给宝宝补充水分，有些疾病，如发热、腹泻等，容易出现电解质流失，缺水可导致电解质紊乱，严重者可出现惊厥、休克等情况。

吃易消化吸收的食物：宝宝生病时，全身器官都在抵抗疾病，脾胃消化能力也会受到影响，所以要吃易消化吸收的食物，如白粥、烂面条等软烂食物，不宜吃需要费力咀嚼、消化的食物，如肉块、肉汤等。

病好后不要马上回归正常饮食：宝宝症状消失后，也不要马上就按普通食谱喂养，因为脾胃功能的恢复也需要一个过程，可先从流质、半流质食物再逐渐过渡到软饭，然后才是颗粒状食物、块状食物、主食，这个过程需要 1~3 天。

怎样培养宝宝独立吃饭的能力

有些宝宝到了上幼儿园的年纪还不会自己吃饭，这是没有提前训练的缘故。怎样培养宝宝独立吃饭呢？

耐心做好示范：教孩子自己学吃饭，家长要耐心做好示范工作，怎样拿勺子，怎样用筷子，怎样将食物送进嘴中。宝宝一次学不会，就多示范几次，直到孩子自己学会。

多鼓励宝宝：哪怕宝宝吃得很慢、吃得很脏乱，或者无论如何用不好勺子、筷子，家长都不要呵斥宝宝，也不要让他中途放弃改为家长喂食，要多鼓励孩子自己吃，让孩子体会自己吃饭的乐趣、成就感。宝宝只要有一些进步，就口头或实物奖励宝宝，增强他的信心。

给宝宝提供轻松的就餐氛围：家长要为宝宝创造一个舒适的吃饭环境，不要催促、呵斥，不要强迫，也不要一直紧张地盯着宝宝，让孩子在轻松愉快的氛围中愉快就餐，感到吃饭是一件很快乐的事。

总之，培养宝宝独立吃饭的能力，家长的心态很重要，放开手脚让宝宝自己尝试，多一点耐心，多一份包容，一般 1 岁左右的宝宝就能自己用勺子将食物送进嘴里了，用筷子吃饭则要等到 2 岁左右。

土豆饼

爱的叮咛

♥ 土豆饼是油煎的，一次不宜给宝宝吃太多哦！1~2个就可以了。

♥ 变换花样，也可放一些胡萝卜、撒上一些芝麻，营养价值更高。

用料

土豆1个	鸡蛋1个
面粉100克	香葱5棵
盐适量	植物油适量

制作

1. 香葱择洗干净，切碎；土豆洗净去皮，先切成细丝，再剁成小碎段，放入小盆中。
2. 将鸡蛋打入小盆，放葱花、盐，顺着一个方向搅匀，直至成糊状。
3. 锅中加油，开中火，用勺子将搅好的土豆糊舀入锅里，摊平成小饼状。
4. 煎黄一面后，翻面煎另一面，两面都煎黄煎熟即可。

主打营养素
蛋白质、碳水化合物、钙、卵磷脂、膳食纤维、维生素E

三鲜小饺子

用料

面粉400克　猪肉200克　鲜虾100克
韭菜200克　鸡蛋1个　大葱1棵
姜10克　盐适量　鸡精适量
糖适量　香油适量

爱的叮咛
♥妈妈可每次包不同馅料的饺子，经常变换口味，以吸引宝宝。
♥饺子捞出后过一下凉水，可迅速降温，宝宝也可以用手拿着吃。
♥可以捞出饺子蘸调味汁吃，也可同汤一起盛出，喝汤吃饺子。

制作

1. 将适量温水倒入面粉中，和成面团，醒30分钟。
2. 猪肉剁成泥状；虾去头、皮和虾线，洗净，切碎；韭菜、大葱分别择洗干净，切碎；姜去皮，洗净，切碎。
3. 将猪肉、虾仁、韭菜倒入盆中，打入鸡蛋，加盐、鸡精、糖、葱花、姜末、香油，向着一个方向搅上劲，即成馅。
4. 将醒好的面团揉匀，搓成长条，摘剂，用擀面杖擀成饺子皮。将馅包入擀好的饺子皮里，捏成饺子。
5. 锅中加水烧开，放入包好的饺子。水沸后加1勺凉水，再沸再加，共加3勺凉水，即可捞出饺子。

鲜肉小馄饨

用料

面粉 400 克　　猪肉 200 克　　黄瓜 1 根
苋菜 2 棵　　香葱 10 棵　　香菜 2 棵
盐适量　　酱油适量　　鸡精适量
香油适量

制作

1. 将适量温水倒入面粉中，和成面团，醒 30 分钟。
2. 黄瓜洗净，切碎，用盐腌 10 分钟，挤去水分；猪肉剁成泥状；苋菜、香葱、香菜择洗干净，苋菜、香菜切段，香葱切碎。将猪肉、黄瓜和葱花倒入盆中，放盐、鸡精、酱油、香油搅拌上劲，即成馅。
3. 将面团揉匀，用擀面杖擀成又大又薄的皮，将面皮切成长条，然后叠起，切成梯形的馄饨皮。将馅抹在靠近馄饨皮短边的地方，把馄饨皮从短的一边向长的一边卷起，然后将两头捏合。
4. 锅中加水烧开，放入包好的馄饨。水沸后加 1 勺凉水，再沸再加，共加 3 勺凉水，第二次加凉水后放入苋菜，水沸后撒上香菜、葱花，即可盛出馄饨。

主打营养素

蛋白质、碳水化合物、维生素 C、膳食纤维、维生素 E

爱的叮咛

馄饨也可用不同的馅，妈妈要记得每次变换花样哦！

主打营养素

蛋白质、碳水化合物、卵磷脂、维生素D、膳食纤维、维生素E

爱的叮咛

♥ 韭菜待临包的时候再放入肉馅，否则容易出水。

♥ 包子入蒸笼时，包子之间要留一定的缝隙，否则二次发酵，蒸好后就挤在一起了。

鲜肉包子

用料

猪肉 200 克	面粉 400 克
韭菜 300 克	鸡蛋 2 个
酵母 4 克	生抽适量
香油适量	盐适量
姜 10 克	

制作

1. 将酵母用温水化开，面粉倒入盆中，再将酵母水倒入面粉中，用筷子搅匀，然后分次倒入温开水，将面粉揉成光滑的面团，盖上湿布，放在温暖的环境中发酵 1 小时左右。

2. 姜去皮洗净，切碎；猪肉洗净，剁成泥，放生抽、盐、香油、鸡蛋、姜末，向着一个方向搅拌上劲。

3. 韭菜择洗干净，切碎备用。

4. 面团揉匀，搓成长条，摘剂，用擀面杖擀包子皮。

5. 将韭菜倒入肉馅中拌匀，制成馅，将馅包入一个个包子皮。

6. 蒸笼布打湿放入蒸笼，将包子摆上去，包子之间留宽缝隙，盖上盖子再发酵 20 分钟。然后大火蒸 20 分钟，闷 5~10 分钟即可。

鱼松三明治

爱的叮咛

♥ 鱼松可以在市场上购买，也可以自己制作，给宝宝食用最好用鳕鱼松。

♥ 也可以直接购买三明治，涂上沙拉酱，撒上鱼松，这样制作更省事。

用料

鱼松适量	高筋粉 250 克
糖 50 克	酵母 3 克
奶粉 15 克	盐 2 克
鸡蛋 1 个	黄油 25 克
牛奶 135 克	

制作

1. 将除黄油、盐、鱼松之外的所有用料揉到一起，加入黄油、盐，再把面团揉到可以拉出薄膜的程度，放在温暖的地方进行发酵至面团两倍大，用手指戳一下，面团不回弹不回缩。

2. 把面团在面板上揉几下，排出气体，均匀地分成 3 份滚圆，再盖上保鲜膜松弛 20 分钟。

3. 用擀面杖将小面团擀成椭圆形，然后翻过来，从下往上卷起，全卷好之后盖上保鲜膜，松弛 10 分钟，擀开，再翻过来卷起。

4. 全部卷好之后，放入土司盒。盖上保鲜膜放温暖湿润处再次发酵至模具的 9 分满。

5.200 度上下火预热烤箱，盖上土司盖子，放入烤箱中下层 200 度，烤 40 分钟。出炉后立刻倒出，放在烤架上晾凉，撒上鱼松即可。

主打营养素

蛋白质、碳水化合物、不饱和脂肪酸、钙、锌、铁

主打营养素

蛋白质、卵磷脂、铁、锌、维生素D、维生素E

西湖牛肉羹

用料

牛肉100克　草菇100克
豆腐100克　鸡蛋1个
香葱2棵　盐1克
鸡精适量　酱油适量
高汤适量　玉米淀粉适量
植物油适量

爱的叮咛

♥牛肉最好选择里脊肉，烹饪时先腌一下，口感更嫩。
♥因为牛肉已经焯熟了，所以烹饪时可全程大火快烧。

制作

1. 草菇洗净，切丁；鸡蛋取蛋清，倒入碗中打散；香葱择洗干净，切碎；豆腐洗净，切丁；牛肉洗净切丁，放玉米淀粉、鸡精、盐、酱油拌匀，腌制1小时。
2. 将草菇和牛肉倒入沸水中，焯熟捞出。
3. 锅底放少量油烧热，倒入高汤煮开，再将牛肉、香菇、豆腐、盐、鸡精倒入锅中，再次煮沸。
4. 玉米淀粉加水勾芡，淋入锅中，煮至沸腾。
5. 将蛋清倒入锅中，快速搅散，煮1分钟后撒上葱花即可。

爱的叮咛

♥ 如果在肉馅中加入一些白萝卜，会有别样的口感哦！

♥ 也可将肉丸改成鱼丸，可以给宝宝补充不同的营养素。

豆腐肉丸汤

主打营养素

蛋白质、脂肪、膳食纤维、维生素 C、维生素 E

用料

嫩豆腐 100 克	生菜 1 棵
猪肉 100 克	香葱 5 棵
姜 10 克	盐 2 克
鸡精适量	生抽适量
香油适量	玉米淀粉适量

制作

1. 香葱择洗干净，切碎；姜去皮洗净，切碎；生菜择洗干净，切成段；嫩豆腐洗净，切成块。

2. 猪肉洗净，剁成泥状，加入盐、鸡精、葱花、姜末、生抽，向着一个方向搅匀，再放玉米淀粉搅匀、打上劲。

3. 锅中加水烧开，放入豆腐块。肉馅抓在手中，从虎口处挤出一个个小丸子，煮至丸子飘起来，撇去浮沫，下入生菜，撒上葱花，加少许盐、滴入两滴香油调味即可。

虾皮紫菜汤

用料

虾皮5克	紫菜5克
香葱2棵	高汤适量
姜5克	盐1克
香油适量	植物油适量

爱的叮咛

♥ 虾皮本身已经很鲜了，不必再放鸡精等调鲜品。

♥ 如果没有高汤，用清水代替也可以。

制作

1. 虾皮、紫菜冲洗干净；香葱择洗干净，切碎；姜去皮洗净，切碎。
2. 锅中倒入少许植物油烧热，放入姜末炸香，倒入高汤，放入虾皮，烧开后放入紫菜再烧开，放盐，撒上葱花，滴入两滴香油即可。

主打营养素

蛋白质、钙、碘、维生素E

鸡汤蝴蝶面

爱的叮咛

♥ 如果觉得太腻，白菜也可不炒，与胡萝卜一起加鸡汤煮熟后再下蝴蝶面。

♥ 变换花样，不用鸡汤，用香菇、香葱、胡萝卜丁爆香做汤底也可。

用料

胡萝卜半根　　蝴蝶面 50 克
鸡蛋 1 个　　白菜叶 2 片
香菜 2 棵　　鸡汤适量
盐 2 克　　植物油适量

制作

1. 胡萝卜洗净，切成块；白菜叶洗净，切成段；香菜择洗干净，切成段。
2. 鸡蛋入沸水中煮熟，捞出过凉水，剥皮备用。
3. 锅中加植物油烧热，放入白菜叶翻炒数下，加入胡萝卜、鸡汤烧开，下入蝴蝶面煮至熟。
4. 鸡蛋切开，放入锅中，撒上香菜段，加盐调味即可。

主打营养素

蛋白质、碳水化合物、胡萝卜素、卵磷脂、膳食纤维

酥炸小河虾

爱的叮咛

♥酥炸小河虾趁热吃，口感更好。
♥裹面粉是为了锁住虾肉的水分，并使虾壳酥脆。
♥因是油炸的，宝宝一次不宜吃太多，可与大米粥一起吃。

用料

河虾200克　面粉适量　香葱2根
盐5克　植物油适量

制作

1. 河虾去长须、虾线，用水洗干净，捞出沥水后，撒上盐拌匀，腌制10分钟。香葱择洗干净，切碎。
2. 将多余的水分倒掉，加面粉拌匀，使每一个河虾上都裹上面粉。
3. 锅中放植物油烧至七成热，放入小河虾炸至变色、酥脆捞出，控油后撒入葱花即可。

主打营养素

蛋白质、钙、维生素C、膳食纤维、维生素E

豆腐炒蔬菜

爱的叮咛

♥ 蔬菜的种类越多，宝宝补充的营养素种类也越多，也可只用小白菜，做成“豆腐炒青菜”。

♥ 宝宝不宜吃辣椒，可用颜色鲜艳又不辣的彩椒代替，最重要的是，彩椒中的维生素综合含量居蔬菜之首，维生素C尤其丰富。红色彩椒中还含有β胡萝卜素。

用料

老豆腐100克　彩椒2个

小白菜3棵　豆芽50克

盐2克　植物油适量

制作

1. 老豆腐洗净，切成块；彩椒去蒂、籽，切成条；小白菜择洗干净；豆芽洗净。
2. 锅中加植物油烧热，开中火，放入豆腐块，一面煎黄之后再煎反面，煎至两面金黄，铲出备用。
3. 锅底留油继续烧热，放入彩椒爆炒入味，再放豆芽炒匀，最后放入小白菜炒匀，放煎好的豆腐块，加盐炒匀即可出锅。

银鱼鸡蛋汤

爱的叮咛

♥ 变换花样，也可将银鱼和鸡蛋充分搅散，加适量温水，放蒸笼蒸熟，口感更嫩滑。

♥ 如果宝宝喜欢，也可以放一些豆腐或荠菜末，营养更丰富。

用料

银鱼 100 克	鸡蛋 2 个
香葱 2 棵	盐 1 克
玉米淀粉适量	香油适量

制作

1. 银鱼清洗干净；鸡蛋打入碗中打散；香葱择洗干净，切碎。
2. 锅中加水烧沸，先放银鱼，再倒入蛋液。
3. 玉米淀粉勾芡，淋入锅中烧 1~3 分钟，放盐，撒上葱花，滴入两滴香油即可。

主打营养素

蛋白质、卵磷脂、钙、铁、维生素 D、维生素 E

虾仁炒饭

爱的叮咛

♥ 变换花样，也可放入一些胡萝卜丁、玉米粒，色泽更佳，营养也更丰富。

♥ 若想使饭更软一些，炒熟后加一点点汤或水焖1分钟即可。

用料

大米100克	虾50克
鸡蛋1个	洋葱半个
香葱2棵	盐2克
植物油适量	生抽适量

制作

1. 大米淘洗干净，放入电饭煲蒸熟，盛出。
2. 虾去头、皮和虾线，洗净，切成段；洋葱去外层干皮，洗净，切片；香葱择洗干净，切碎；鸡蛋打散。
3. 植物油入锅烧热，放入虾仁炒至变色，加鸡蛋、盐迅速炒散，再放米饭翻炒均匀，然后放洋葱继续炒，边炒边顺着锅边倒入生抽。炒至米饭呈分散状，撒上葱花炒1分钟即可。

主打营养素

蛋白质、卵磷脂、钙、铁、硒、维生素C、维生素D

墨鱼仔炒菠菜

爱的叮咛

♥ 也可用韭菜或芹菜代替菠菜，换着花样给宝宝做。

♥ 墨鱼仔已经焯熟，所以炒的时候不宜太久，否则口感会比较老。

用料

墨鱼仔100克　菠菜100克　大葱1棵
姜5克　盐2克　鸡精适量
植物油适量

制作

1. 将墨鱼仔头掐去，清洗干净；菠菜、大葱分别择洗干净，切段；姜去皮洗净，切碎。
2. 墨鱼仔入沸水焯熟，捞出待用。
3. 植物油入锅烧至七成热，放入菠菜炒至七成熟，盛出。
4. 锅底留油继续加热，放入墨鱼仔，加大葱、姜末炒香，再加炒好的菠菜，放盐、鸡精，炒匀即可。

爱的叮咛

♥ 如果没有炒面，普通面条也可以，只是需要提前煮至七分熟，过凉水，加少许香油，在鸡肉和蔬菜炒好后再加入炒。

主打营养素

蛋白质、碳水化合物、维生素 C、硒、钙

鸡肉炒面

用料

炒面 100 克　　鸡胸肉 100 克
青菜椒 1 个　　红菜椒 1 个
洋葱半个　　香葱 2 棵
豆芽 50 克　　盐 2 克
鸡精适量　　生抽适量
玉米淀粉适量　　植物油适量

制作

1. 鸡胸肉洗净，切成小块，加盐、鸡精、生抽腌制 10 分钟，再用玉米淀粉抓匀。
2. 彩椒去蒂、籽，洗净切片；洋葱去外层干皮，洗净，切片；香葱择洗干净，切碎；豆芽择洗干净，待用。
3. 植物油入锅烧热，放入鸡肉翻炒至八分熟，加彩椒、豆芽翻炒均匀，再放面条、洋葱翻炒至熟，加盐、生抽炒匀，撒上葱花即可。

胡萝卜肉片面

主打营养素

蛋白质、碳水化合物、胡萝卜素、铁、膳食纤维

用料

面条 100 克　猪瘦肉 100 克
胡萝卜半根　菠菜 3 棵
盐 2 克　鸡精适量
酱油适量　玉米淀粉适量

制作

1. 猪瘦肉洗净，切成薄薄的肉片，加盐、酱油、玉米淀粉腌制 10 分钟。
2. 胡萝卜洗净，切丝；菠菜择洗干净。
3. 植物油入锅烧至六成热，放入猪肉炒至八成熟，倒入胡萝卜翻炒两分钟，盛出。
4. 锅中加水烧开，下入面条，加少许盐煮熟，倒入炒好的猪肉和胡萝卜，撒上菠菜拌匀即可。

爱的叮咛

用手工面而不用挂面，可以使汤汁更浓稠，适合宝宝喝。

下面的时候加少许盐同煮，可使面条口感更好。

芥兰炒香菇

爱的叮咛

♥ 最好用干香菇，油炸之后香味很浓，有提升宝宝食欲的作用。

♥ 芥兰入锅前带一点水比较好，否则容易炒着炒着就干了。

用料

芥兰 200 克　　香菇 3~5 朵

盐 2 克　　鸡精适量

植物油适量

制作

1. 香菇摘去茎，放水中泡发，挤干水待用；芥兰去掉老叶，洗净切段。
2. 植物油入锅烧热，放入香菇炸出香味，放入芥兰迅速翻炒，将熟时放入盐、鸡精，炒匀即可。

主打营养素

B 族维生素、维生素 C、维生素 D、膳食纤维

主打营养素

碳水化合物、蛋白质、膳食纤维、维生素C、维生素E、B族维生素

荞麦蒸饺

用料

荞麦面100克　面粉100克
猪肉100克　白菜叶3片
香葱10棵　姜10克
盐5克　鸡精适量
酱油适量　香油适量

爱的叮咛

♥与煮熟的饺子相比，蒸饺中维生素B_2不会随着汤流失，保留得更多。
♥也可在面粉中加入青菜汁、西红柿汁，做成彩色的蒸饺，更能吸引宝宝的注意。

制作

1. 荞麦面、面粉混合均匀，加适量温水，和成面团，醒30分钟。
2. 香葱择洗干净，切碎；姜去皮洗净，切碎；猪肉洗净，剁成泥，加盐、鸡精、葱花、姜末、香油腌制10分钟。
3. 白菜洗净，切碎，加盐腌10分钟，挤去水分。
4. 将面团揉匀，搓成长条，摘剂，用擀面杖擀成饺子皮。将肉馅和白菜混合均匀，包入饺子皮中，捏成一个个饺子。
5. 将包好的饺子放入蒸笼蒸熟即可。

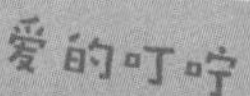

爱的叮咛

♥ 这道膳食比较浓稠，不用搭配其他饭菜也能当一顿饭喂食宝宝。如果想营养更丰富，也可放入一些肉丁、鱼块。

♥ 面疙瘩不宜太大，以免影响口感。

疙瘩面

用料

面粉 100 克　油豆腐 100 克　韭菜 50 克
豆芽 50 克　胡萝卜半根　粉条少许
盐 2 克　植物油适量　鸡精适量
高汤适量　香油适量

制作

1. 面粉加温水和成较硬的面团，放在温暖处醒 30 分钟。

2. 粉条泡发，切成段备用；油豆腐切成条；韭菜择洗干净，切成段；胡萝卜洗净，切成条；豆芽淘洗干净。

3. 将面团揉匀，拽成一个个小疙瘩，然后入沸水中煮至全飘起来，捞出放凉水里。煮的时候用锅铲贴锅底顺一个方向轻轻搅动。

4. 炒锅烧热，放入植物油，放入少量面粉用小火炒香，倒入高汤，放油豆腐、豆芽、胡萝卜，一边搅一边煮，沸腾后放入面疙瘩、粉条、韭菜，将熟时放入盐、鸡精，滴入两滴香油，拌匀即可。

萝卜炖鸡

用料

白萝卜半根　　鸡肉 200 克　　香葱 2 棵
姜 10 克　　盐 2 克　　鸡精适量
酱油适量　　香油适量　　植物油适量

爱的叮咛

♥ 变换花样，可以用冬瓜或胡萝卜或其他蔬菜代替白萝卜，也可用一些香菇末爆香汤底。

♥ 鸡肉也可以不炒，直接和白萝卜一起加水炖至入味，口感更清淡。

制作

1. 白萝卜洗净，去皮，切成片；姜去皮洗净，切碎；香葱择洗干净，切碎。
2. 鸡肉洗净，剁成块，加盐、酱油、姜末、葱花腌制 10 分钟。
3. 植物油入锅烧热，放入鸡块翻炒 2 分钟，放入萝卜片，加水烧开，再转小火炖至鸡肉熟烂，撒上葱花，滴入两滴香油调味即可。

主打营养素

蛋白质、维生素 C、膳食纤维、维生素 E

芹菜炒香干

用料

香干 100 克　　芹菜 100 克
彩椒 1 个　　盐 2 克
鸡精适量　　生抽适量
植物油适量

制作

1. 香干洗净，切成丝；芹菜择洗干净，切成段；彩椒去蒂、籽，切成丝。
2. 先将香干入沸水中焯一下，捞出控水备用。
3. 植物油入锅烧热，下入彩椒炒入味，再放芹菜快速翻炒至七成熟，加入盐、鸡精、生抽和香干继续翻炒至熟即可。

爱的叮咛

- 香干焯水后，炒出来口感更好。
- 给宝宝吃的芹菜最好取嫩茎，炒出来口感比较嫩。

主打营养素

钙、维生素 C、膳食纤维、维生素 E

海米冬瓜炒豆腐

主打营养素
蛋白质、钙、钾、维生素C、维生素E

用料

冬瓜100克　豆腐100克
海米10克　盐1克
生抽适量　植物油适量

制作

1.冬瓜去皮，洗净，切成片；豆腐洗净，切成块；海米冲洗干净。
2.植物油入锅烧热，放入海米爆香，倒入冬瓜、盐、生抽翻炒1分钟，放入豆腐及适量水，转小火炖熟即可。

爱的叮咛

♥海米在热油里爆炒，可以去腥，或者可与葱花一起爆香。
♥冬瓜炒至出汤时再放豆腐，这样比较容易把握火候，预防冬瓜炖熟烂。

主打营养素

蛋白质、油脂、维生素A、维生素D、维生素C、维生素E

蒸鳕鱼

爱的叮咛

♥口味不要太重，各种调料少放一些，有一点味即可。

♥蒸时用中火，蒸制时间不要太长，否则鳕鱼肉老口感差。

♥鳕鱼蒸水不要舍弃，可以做汤底烹饪其他菜肴，口味很鲜。

用料

鳕鱼 1 块　　柠檬半个

香葱 3 棵　　姜 10 克

鱼豉油适量　　蚝油适量

酱油适量　　植物油适量

制作

1. 鳕鱼去鳞，清洗干净；香葱择洗干净，切碎；姜去皮洗净，切成丝。

2. 将一部分葱、姜铺在碟子上，放上鳕鱼块，在鳕鱼上面挤出少量柠檬汁，将碟子放在蒸笼里蒸 8 分钟。

3. 将一部分葱花、姜丝放油锅爆香，倒入蒸鱼豉油、蚝油、酱油，拌匀，淋入蒸好的鳕鱼上即可。

酸汤面叶

用料

面粉 200 克
虾皮 10 克
盐 2 克
香油适量
香菜 5 棵
香葱 2 棵
醋少许

制作

1. 面粉加温水，和成面团，醒 30 分钟。
2. 香菜、香葱分别择洗干净，切碎；虾皮冲洗干净。
3. 将面团揉匀，用擀面杖擀成又大又薄的面皮，切成长条，再叠起，再切成 3 厘米宽 5 厘米长的面叶。
4. 锅中加水烧开，下入面叶煮至将熟，放入盐、醋，滴入两滴香油，撒上葱花、香菜末，搅匀即可。

爱的叮咛

♥ 醋不宜放太多，有一点酸味就可以了。
♥ 在宝宝食欲不振的时候做这道膳食，能起到提升其食欲的作用。

主打营养素

碳水化合物、钙、维生素 C、维生素 E

桂花糯米藕

爱的叮咛

♥ 莲藕宜选藕孔大的、粗细均匀的，制作时更方便。

♥ 因为糯米不容易消化，每次给宝宝吃 2~3 片即可，不要吃太多。

用料

糯米 50 克　　莲藕 1 个

冰糖少许　　桂花适量

制作

1. 糯米洗净，用清水浸泡 30 分钟；莲藕去皮，用刀斜切掉藕的顶部。
2. 将糯米塞入藕孔，塞至没有空洞，可用筷子捣实，但也不必塞太紧。
3. 再把切掉的莲藕顶部盖回切口，用 4~7 个牙签插牢固。
4. 将灌好的莲藕放入高压锅，加水没过，放入冰糖，大火烧开后转中火烧 40 分钟。
5. 取出藕，切成片，淋点煮藕的汤汁上去，撒点干桂花即可。

主打营养素

碳水化合物、维生素 B_1、膳食纤维

第八章

2~3岁，爱上吃饭，不用追着喂了

2~3 岁宝宝进入了人生的第一个“反叛期”，他的自我意识萌发，什么事情都要按照自己的想法去做，不愿意被人干涉摆布。如果任由他自己吃饭，可能会造成某些营养素的不足，这需要家长更多的爱心和智慧，做出一眼就能吸引宝宝的饭菜。

生理发育特点与营养需求

宝宝出齐了20颗乳牙，咀嚼能力更强了，可以直接吃很多大人的食物了。但他的消化功能尚未达到成人的水平，辅食制作还需要特别照顾，有些食物还需要单独为宝宝做，如米饭需要闷得软一些，肉要切得碎一些、炖得烂一些，调味品要放少一些等，做到细、软、烂、碎、清淡。

由于奶的减少，宝宝生长发育又需要全面的营养素，这一阶段的宝宝容易出现营养素补充不充分的情况，如果还有不良饮食习惯，宝宝特别容易患贫血、佝偻病等，所以这需要家长在辅食制作上下更大的功夫。

以上情况决定了2~3岁宝宝以下营养需求：

◎食谱和饮食规律均向成人靠拢。营养丰富又要膳食平衡。每周主食、鱼、蛋、奶、瘦肉、肝、蔬菜、水果缺一不可，每天饮食中至少要保证主食、奶、肉、蛋、蔬菜、水果，鱼和肝可以轮流出现；每天至少要有5种以上不同的蔬菜、水果。

◎食谱更讲究花样，食品多样化。烹饪方式多样化，做到色、香、味俱全，以增进宝宝的食欲。

◎安排好一日三餐时间。尽量做到定时定量，帮助宝宝养成良好的饮食习惯。

2~3岁宝宝一日食谱参考

7:00

种类：菜粥或肉粥1碗

主打营养素：碳水化合物、蛋白质、脂肪、维生素、矿物质、膳食纤维

10:00

种类：饼干、点心2~3块

主打营养素：碳水化合物

12:00

种类：米饭或面条1碗，荤素搭配菜肴100克

主打营养素：碳水化合物、蛋白质、脂肪、维生素、矿物质、膳食纤维

15:00

种类：水果50~80克

主打营养素：维生素、膳食纤维

18:00

种类：粥或米饭1碗，菜肴100克

主打营养素：碳水化合物、蛋白质、维生素、矿物质、膳食纤维

21:00

种类：配方奶200~300毫升

主打营养素：全部

（注：此时的辅食，只要符合细、软、烂、碎、清淡原则，且取材于天然无公害食物，宝宝都可以吃了，所以不再有“新添加的辅食”相关内容了！）

妈妈可能遇到的问题

为什么要坚持给宝宝喂配方奶

3 岁前，一定要坚持给宝宝喝配方奶；3 岁之后，可以将配方奶换成牛奶。

幼儿期的宝宝仍然处于生长发育较快的阶段，加上活动量比婴儿期增大，身体需要更多热量和营养维持。配方奶粉营养均衡，各类营养素齐全，每天给宝宝喂食 200~500 毫升的配方奶，可以补充更充足、更全面的营养素。在断奶后，如果只给宝宝喂食饭菜，不添加配方奶，很容易造成宝宝体内优质蛋白质和某些营养素缺乏，使孩子过早地缺铁、缺钙，易引起贫血或是佝偻病。

3 岁之前不宜给宝宝喂食鲜牛奶。鲜牛奶中所含的蛋白质主要是酪蛋白，难消化，容易引起便秘。而且，鲜牛奶中矿物质含量过高，会加重婴幼儿肾脏负担。更重要的是，鲜牛奶的成分构成是不变的，而配方奶则根据婴幼儿生长发育的不同阶段，添加有益其健康成长的各种营养物质。

宝宝肥胖，好不好呢

宝宝胖乎乎的，看起来很可爱，而且传统育儿观念认为，宝宝越胖，营养越好。

研究已经证明，肥胖会给宝宝带来一系列健康问题。肥胖的宝宝体重超重，容易发生扁平足和膝内翻；稍大一些的时候，肥胖还容易被小朋友们取笑，影响其心理健康。而且，婴儿期肥胖会导致脂肪细胞肥大，脂肪细胞增多，所以小时候肥胖成年后肥胖的几率也很大，发生高血压、高血脂、冠心病、糖尿病等几率也明显高于普通人。

引起幼儿期肥胖的原因，主要是营养不均衡、碳水化合物摄入过多、糖分摄入过多。所以家长要减少肥胖宝宝的主食量，尤其是面食的量，增加蔬菜和水果的量，加餐时少喂食饼干、蛋糕等点心，限制甜食。

另外，肥胖的宝宝，还要加大活动量，每天保持一定的运动量，家长可经常带孩子到大自然中玩玩，加快其能量消耗。

宝宝“吃独食”怎么办

2~3 岁的宝宝，常出现“独占”意识，无论食物、玩具甚至是人，都会认为是“我的”，“只有我才能享用”，这是宝宝自我意识萌发的标志，家长应予以理解，但却不能纵容这种习惯。

如果宝宝“吃独食”，可从以下几方面纠正：

引导宝宝学会分享： 家长要以身作则，日常生活中把食物或其他物品与亲戚朋友或者其他小伙伴们分享，以榜样的力量给孩子做正确的示范。父母千万不能当着孩子的面表现出自私、独占等行为。

合理的奖惩： 如果分享的示范效果不佳时，父母还可对孩子采取奖惩措施。当他吃独食的时候，不给他买零食或玩具，如果孩子主动分享食物了，就给予口头和实物奖励，以促进孩子主动和别人分享。

爱的教育贯穿育儿终生： 不要以为宝宝小就不注意爱的教育，日常可以锻炼宝宝给下班回来的父母拿衣物或者做其他力所能及的事，让宝宝学会关爱他人，富有爱心，避免养成自私自利的心理。

人工营养素，到底怎么补

很多家长都担心宝宝营养不足、不全面，市场有很多儿童营养补充剂，要不要全部购买回来给宝宝吃呢？又该怎样吃呢？

营养素制剂并非“多多益善”，补多了反而会有副作用。原则上，只要饮食全面均衡，抽血检查不显示缺乏，也无缺乏症状，就不要额外补充。即使需要补充，也要根据“不缺就不补，缺什么补什么”的原则进行补充。

如果宝宝不经常晒太阳，需要补维生素 A 和维生素 D，月龄小的宝宝可通过维生素 AD 胶丸、滴剂或鱼肝油补充，月龄大的宝宝如果能保证每周有动物肝脏，常晒太阳就可不必补。维生素 C 制剂，一般不需要特别补，每天水果和蔬菜都吃够就行了。复合维生素，只适合偏食、饮食结构不合理的孩子。钙剂、锌剂、铁剂，只要配方奶足够，就不需要补。冬季出生的宝宝由于接受日照不足，容易缺乏维生素 D、钙，如果确认缺乏，可在医生指导下补充。

总之，衡量宝宝是否需要补充营养素制剂，一定要看他们的饮食习惯、生长发育、精神状况，最好定期去医院做检测，不能滥补。即使需要补充某种制剂，也不能持续而长期地补，隔一天吃一次或者吃一个月后停吃一段时间。宝宝饮食要尽量做到“自然食物，均衡膳食”，不补充额外的营养素制剂。

想长高就是要补钙吗

孩子个子高矮已经成为很多家长最关注的问题，对于怎样帮助宝宝长高，有些家长可能会错误地认为，补钙就能长高。

长高，需要促进骨骼发育，而促进骨骼发育的元素不仅仅是钙，还有锌、镁、锰、铜，它们连同钙元素并称为“壮骨五兄弟”。钙在这“五兄弟”中最重要，人们对它比较熟悉，也很重视补钙，所以宝宝日常要多吃钙含量丰富的食物。

另外的“四兄弟”的威力也不可小觑。锌可以促进骨细胞的增值及活性，还能加速新骨细胞的钙化，宝宝缺锌会导致骨骼发育迟缓，坐、爬、站等活动都会受到影响。镁是构成骨骼和牙齿的重要成分，间接调控骨骼的生长发育，镁、钙同时缺乏会导致骨骼过早老化、软组织钙化。锰是软骨生长不可缺少的辅助因子，缺锰影响软骨生长，可造成软骨结构和成分改变，导致骨骼畸形。铜与骨骼的形成也有关系，缺铜会引起骨骼发育异常，还可影响骨磷脂的合成，使新骨生长受到抑制，导致身体矮小。

所以，想要宝宝长大，不仅仅需要补钙，还要重视其他“四兄弟”的补充，日常饮食一定要全面、均衡。

给宝宝吃饭的自由，怎样把握“自由度”

“任由”宝宝自己边吃边玩吃得嗨，这显然是不行的，但勉强宝宝进食，完全不尊重其个人意愿，也是不科学的。给宝宝吃饭的自由，这里的“自由”包含三层意思。

不限定宝宝的饮食量：孩子吃多少，就喂食多少，不要勉强孩子将做的饭全部吃完，也不要让不饿的宝宝勉强进食。孩子有掌握自己胃口和食欲的自由，当他不好好吃或者含在嘴里不咽下去的时候，说明他已差不多吃饱了，可以将食物从餐桌上撤走了。

不限定宝宝的饮食喜恶：如果宝宝不喜欢某种食物，家长可以换个花样试试，实在不行就换另一种营养成分相近的食物。不要单纯地为了补充营养让孩子进食不喜欢吃的食物。

不赋予食物营养以外的作用：家长不要将食物作为对孩子奖惩的工具，不要将“好吃的食物”作为犒劳，也不要为孩子不吃某种食物而发脾气，否则这些食物在孩子眼里就有了某种倾向和某种感情色彩。如奖励“好吃的食物”，就意味着另外一些食物是不好吃的。只有对所有食物都一视同仁，孩子才不会挑食，才能做到膳食平衡。

当宝宝养成不良饮食习惯时，如边吃边玩，边吃边跑，这时候需要家长采取一定手段“制裁”。

京味豆腐脑

用料

内酯豆腐 1 盒
水发黄花菜 50 克
水发木耳 4~5 朵
蘑菇 2~3 朵
鸡蛋 1 个
香菜 1~2 棵
盐 1 克
鸡精适量
生抽适量
水淀粉适量
香油适量

爱的叮咛

♥ 也可将木耳、黄花菜放油锅中翻炒几下再倒水，体会不一样的口感。
♥ 没有内酯豆腐，用水豆腐或者自己打豆浆制作也行。

制作

1. 内酯豆腐蒸制 15 分钟。
2. 蘑菇、香菜分别处理好，洗干净，切好；黄花菜、木耳泡好，沥水，切碎；鸡蛋打散。
3. 锅中加适量清水，放入木耳、黄花菜煮开，打入蛋液，加盐、鸡精、生抽再煮 5 分钟，淋入水淀粉煮 1 分钟后熄火。
4. 将蒸好的内酯豆腐盛出，淋上做好的汤，撒上香菜末，滴入两滴香油即可。

豆腐肉末烩针菇

主打营养素

蛋白质、锌、铁、B族维生素、维生素E

用料

豆腐100克　金针菇50克
瘦肉100克　香葱2棵
盐1克　生抽适量
植物油适量

制作

1. 瘦肉洗净，剁成泥；金针菇去根部，洗干净；香葱择洗干净，切碎。
2. 豆腐洗净，切成块，放在加入盐的开水中浸泡几分钟。
3. 植物油入锅烧热，放入肉末炒至变色，放金针菇一起炒软，放入豆腐，加盐、生抽、适量清水，煮至收汁，撒上葱花即可。

爱的叮咛

♥ 豆腐泡在加入盐的开水中便于豆腐的定型和去腥，也可以放入开水中焯一下。

♥ 变换花样，也可用一些香菇，胡萝卜爆炒出香味，再放肉末，色泽和口感更好，营养也更丰富。

粉丝菠菜拌鸡丝

主打营养素

蛋白质、铁、维生素 C、维生素 E、不饱和脂肪酸

用料

粉丝 100 克　　菠菜 100 克
鸡胸肉 100 克　　芝麻 10 克
盐 1 克　　酱油适量
醋少许　　香油适量

制作

1. 粉丝用温水浸泡 30 分钟；菠菜择洗干净；鸡胸肉洗净。
2. 鸡胸肉放入锅中煮至筷子可轻易穿透的程度，捞出沥水，撕成鸡丝。
3. 锅中加水烧沸，放入粉丝煮熟后捞出备用，再下入菠菜焯熟，捞出过凉水，沥水，切成段。
4. 将鸡丝、粉丝、菠菜放入碗中，同时将盐、酱油、醋、香油调和，制成调味汁，然后将调味汁倒入碗中，撒上芝麻即可。

爱的叮咛

♥ 给宝宝的凉拌菜一定要安全卫生，手撕鸡肉的时候可带上一次性手套，案板用熟菜板。

♥ 鸡肉煮的时间不要太长了，否则口感不好，也可试试将鸡肉蒸熟再撕，这样营养素丢失会少一些。

主打营养素
蛋白质、钙、维生素C、膳食纤维

韭苔炒虾仁

用料

韭苔100克　虾100克
姜5克　盐1克
生抽适量　植物油适量
蚝油适量

爱的叮咛
♥ 虾仁、韭苔都不宜炒得过久，以免口感过老。
♥ 也可用肉丝替换虾仁，变换一下花样。

制作

1. 虾去头、虾线，清洗干净，用盐、生抽腌制10分钟。
2. 姜去皮洗净，切碎；韭苔去掉尾部和老梗，洗净，切段。
3. 植物油入锅烧热，放入姜末、虾仁翻炒至变色，再加蚝油炒匀，盛出。
4. 锅底留油继续加热，放入韭苔大火翻炒至变色，加虾仁炒匀即可。

海米烩冬瓜

主打营养素

蛋白质、钙、钾、维生素 E

用料

金针菇 100 克　冬瓜 200 克
海米 10 克　香葱 2 棵
姜 5 克　盐 1 克
植物油适量

制作

1. 冬瓜去皮、瓤，洗净，切成片；金针菇去根部，洗净；海米用温水泡软，再洗净；香葱择洗干净，切成段；姜去皮洗净，切碎。
2. 植物油入锅烧热，放姜末、海米爆香，下入冬瓜翻炒至颜色略微透明，加入金针菇及适量清水煮至金针菇熟透，撒上葱段，加盐调味即可。

爱的叮咛

♥ 此菜的重点是掌握好火候，预防冬瓜煮得过于软烂。
♥ 宝宝菜肴不宜口味太重，海米比较咸，烹制时要控制好盐量。

黄油焗杏鲍菇

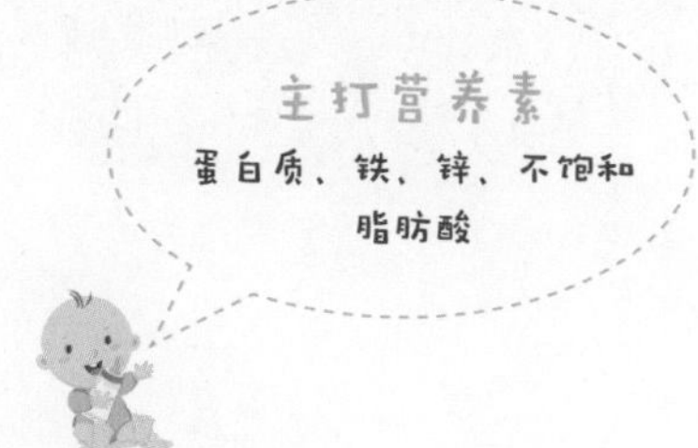

用料

杏鲍菇100克　瘦肉50克
香葱1棵　姜3克
盐1克　生抽适量
黄油适量

制作

1. 杏鲍菇洗净，切成厚片；香葱择洗干净，切碎；姜去皮洗净，切碎。
2. 瘦肉洗净，剁成泥，加盐、生抽、姜末、黄油搅上劲。
3. 杏鲍菇均匀地铺上肉泥，放入烤箱160℃烤10分钟即可。

爱的叮咛

- 变换花样，也可用这种方式为宝宝做焗虾、焗鸡、焗鳕鱼等。
- 黄油的营养堪称奶制品之首，含丰富的脂肪酸、磷脂、维生素、矿物质，常用作辅料，每次10~15克即可。

麻酱菠菜

主打营养素

铁、膳食纤维、不饱和脂肪酸、维生素 E

用料

菠菜 200 克　　芝麻酱适量
盐 1 克　　鸡精适量
香油适量

制作

1. 菠菜去黄叶、老根，洗净，焯水后立即浸入凉水，再捞出挤干水分，切成段。
2. 芝麻酱放入碗中，加盐、鸡精、香油，用筷子向同一个方向搅动，边搅边加少许凉开水，搅至芝麻酱变得黏稠、均匀并散发浓郁的香味。
3. 将制好的芝麻酱浇到菠菜上即可。

爱的叮咛

♥ 焯菠菜时，锅里加入两滴油，可使焯好的菜青翠，使人更有食欲。

♥ 可选择带有花生酱味的芝麻酱，味道更香。最后还可撒上少许熟芝麻，卖相更好，营养也更丰富。

彩椒牛柳盖浇饭

用料

大米50克　牛里脊100克
彩椒2个　荆芥2棵
盐2克　白糖少许
酱油适量　玉米淀粉适量
植物油适量

爱的叮咛

♥ 这道辅食色泽鲜润，既营养饱腹，又色香味俱全，适合宝宝常吃。
♥ 宝宝吃的米饭不宜蒸得太硬，需要焖软一些。

制作

1. 大米淘洗干净，放入电饭煲蒸熟，盛入碗内。
2. 牛里脊洗净切条，加入盐、白糖、酱油、玉米淀粉上浆；彩椒去蒂、籽，洗净，切成丝；荆芥择洗干净，备用。
3. 植物油入锅烧至三成热，下牛里脊炒熟后铲出。
4. 锅底留油烧热，放入彩椒炒1分钟，再加入炒好的牛柳翻炒均匀，盛出，浇在米饭上，撒上荆芥叶即可。

主打营养素

蛋白质、碳水化合物、铁、维生素C、维生素E

牛肉炒西蓝花

爱的叮咛

♥ 也可先炒牛肉，炒至牛肉变色时放入西蓝花翻炒至熟，加盐调味。

♥ 变换花样，还可用彩椒爆香锅底，炒熟后撒上一层熟芝麻，卖相更好，营养也更丰富。

用料

牛肉 200 克　　西蓝花 100 克

盐 1 克　　酱油适量

玉米淀粉适量　　植物油适量

制作

1. 牛肉洗净，切成片，用盐、酱油、玉米淀粉腌制 30 分钟。
2. 西蓝花掰成小朵，放清水里泡 30 分钟，然后放入加盐的沸水锅中焯 1 分钟，捞出立刻过凉水，再沥水备用。
3. 植物油入锅烧热，放入西蓝花爆炒 2 分钟，加少许盐炒匀，盛出。
4. 锅底留油继续加热，放入牛肉大火炒 1 分钟，盖上锅盖焖 1 分钟，再将炒好的西蓝花倒进去翻炒均匀即可。

主打营养素

蛋白质、铁、维生素 C、维生素 E

红豆饭

用料

大米 100 克　　红豆 30 克
白糖少许

制作

1. 红豆洗净，用清水浸泡 3 个小时。大米淘洗干净。
2. 将红豆及适量清水放入锅中煮至六成熟，连汤一起倒入电饭煲，放入大米，蒸熟即可。
3. 在煮好的红豆饭中加入白糖，拌匀即可。

主打营养素
碳水化合物、蛋白质、钙

爱的叮咛
♥ 煮红豆的汤不要倒掉，以防营养流失。
♥ 给宝宝喂食，可以不加白糖，或者放很少的白糖入味即可。
♥ 宜选用米粒细长的大米，有一定的黏性，口感会更好。

蔬菜豆皮卷

主打营养素

蛋白质、B族维生素、维生素C、维生素E、硒、膳食纤维

用料

豆腐皮1~2张　胡萝卜半根
蒜苗2棵　香菇3朵
洋葱半个　盐1克
鸡精适量　植物油适量

制作

1. 胡萝卜洗净，切成丁；蒜苗择洗干净，切碎；香菇泡发，洗净，切成丁；洋葱去外层干皮，洗净，切成丁。
2. 豆腐皮用水煮2分钟，再过凉水，沥干备用。
3. 植物油入锅烧热，依次放入香菇、洋葱、胡萝卜丁、蒜苗炒香，加盐、鸡精炒匀，盛出。
4. 将炒好的蔬菜裹入豆腐皮，卷紧，切成厚片，装盘即可。

爱的叮咛

♥ 变换花样，也可在豆腐皮中加入其他青菜粒，如黄瓜、香菜等，让宝宝体会不同的口感，补充不同的营养。

♥ 也可调制美味的芝麻酱，让宝宝蘸酱食用，体验不同的饮食方法。

蔬菜沙拉

爱的叮咛

❤2 岁以上的宝宝可以吃沙拉酱，但要尽量少吃，可以用酸奶代替沙拉酱。

❤变换花样，也可用其他蔬菜、水果做沙拉给宝宝吃，但要确保饮食卫生。

用料

西红柿 1 个　　黄瓜 1 根

生菜 100 克　　豌豆 50 克

白醋少许　　盐 1 克

糖 1 克　　沙拉酱少许

制作

1. 干豌豆粒提前两天用清水浸泡，泡透后沥干表面的水分，放油锅里小火炸 10 分钟，捞出控油，待冷却后，撒上盐和白糖，拌匀。
2. 西红柿、黄瓜分别洗净，切成片；生菜择洗干净，用手随意撕成小块。
3. 将西红柿、黄瓜、生菜及炸熟的豌豆放入碗中，加盐、糖、白醋、沙拉酱拌匀即可。

主打营养素

蛋白质、B 族维生素、维生素 C、膳食纤维

香菇豉油鸡翅

爱的叮咛

♥ 可以放盐，也可不放盐，有酱油、蚝油的腌制，一般不需要再放调味料。

♥ 煎鸡翅时一定要小火慢炒，才能炒成诱人的焦糖色。

用料

鸡中翅 3 个　　香菇 5 朵
胡萝卜半根　　香葱 2 棵
姜 10 克　　生抽适量
老抽适量　　白糖适量
蚝油适量　　植物油适量

制作

1. 香菇泡发洗净，切成片；胡萝卜洗净，切成块；香葱择洗干净，切碎；姜去皮洗净，切成丝。

2. 鸡中翅洗净斩件，用姜丝、生抽、老抽、白糖、蚝油腌制半小时左右。

3. 植物油入锅烧热，下入姜丝爆香，再放鸡翅爆炒，炒至鸡翅表面金黄，倒入适量开水没过鸡翅，改小火，放入香菇、胡萝卜，焖 20 分钟，最后撒上葱花即可。

主打营养素

蛋白质、B族维生素、胡萝卜素、维生素 C

香酥豆腐芝麻饼

用料

老豆腐200克　面粉适量　鸡蛋2个
彩椒1个　香葱2棵　黑芝麻10克
植物油适量　盐2克

制作

1. 彩椒去蒂、籽，切碎；香葱择洗干净，切碎；老豆腐洗净，切碎。
2. 锅中加水烧开，放点盐，放入豆腐焯一下，去除豆腥味儿，然后捞出，控水。
3. 将豆腐、彩椒、香葱、盐、鸡蛋、面粉拌匀、压碎，捏成团压扁。
4. 平底锅刷一层薄油烧热，放入饼，小火煎至两面金黄色，临出锅时趁热撒上黑芝麻即可。

爱的叮咛

♥ 豆腐饼中也可放一些胡萝卜丁、土豆泥、芹菜丁、肉末等，妈妈可变换馅料，让宝宝体验不同的口感。
♥ 煎的时候不要急着翻面，一定要等豆腐凝固了才能翻面，否则饼容易散开。

主打营养素

蛋白质、碳水化合物、卵磷脂、维生素C、维生素D、锌

杏鲍菇烩肉末

主打营养素

蛋白质、B族维生素、维生素C、硒

用料

杏鲍菇100克　肉馅100克

西蓝花100克　洋葱半个

姜10克　植物油适量

盐2克　生抽适量

蚝油适量　水淀粉适量

制作

1. 西蓝花掰成小朵，用清水浸泡半小时；杏鲍菇洗净，切成小块；洋葱去掉外层干皮，洗净，切成片；姜去皮，洗净，切碎。

2. 肉馅加盐、生抽拌匀，腌制10分钟。

3. 锅中加植物油烧热，放入肉末翻炒至变色。

4. 锅底留油继续加热，下入姜末、洋葱爆香，再放入杏鲍菇及适量盐翻炒至杏鲍菇微微上色，倒入少许清水、生抽、蚝油，加盖焖煮5分钟，再倒入水淀粉继续焖煮至收汁，放入炒好的肉末翻炒1分钟即可盛出。

5. 烧一锅开水，加少许盐，放入西蓝花焯至熟，迅速过凉水，沥水，摆盘即可。

爱的叮咛

♥ 西蓝花不仅起着装饰作用，其爽脆的口感搭配着肉末、杏鲍菇的鲜香，更能吸引宝宝的食欲。

♥ 变换花样，洋葱可放可不放，或者用其他色泽鲜艳、能爆香锅底的蔬菜也行。

主打营养素

蛋白质、卵磷脂、维生素D、锌

扬州炒饭

用料

大米 50 克	豌豆 30 克
虾 50 克	香葱 2 棵
鸡蛋 2 个	肉末 50 克
植物油适量	盐 2 克
生抽适量	玉米淀粉少许

爱的叮咛

♥ 变换花样，还可放入少许玉米粒、胡萝卜丁、黄瓜丁、火腿等翻炒，卖相更好，营养也更丰富。

♥ 整个烹制过程不宜用大火，宜用中火或小火，以将米炒得一粒一粒的为佳。

制作

1. 大米淘洗干净，放电饭煲中蒸熟。
2. 鸡蛋打散；豌豆洗净；虾去头、虾线，洗净；香葱择洗干净，切碎；肉末用盐、生抽、淀粉腌 10 分钟。
3. 鸡蛋入热油锅炒至九成熟，盛出。
4. 锅底留油继续加热，放入葱花爆香，倒入肉末翻炒至九成熟，盛出。
5. 锅底留油继续加热，放入虾仁炒至变色，盛出。
6. 锅底留油继续加热，放入豌豆翻炒至八成熟，倒入蒸好的米饭炒散，再放炒好的鸡蛋、虾仁继续翻几下，最后放入肉末、盐炒匀，将出锅时撒上葱花，炒匀即可。

紫薯花卷

爱的叮咛

♥ 紫薯蒸熟后含有水分，面粉加酵母水的时候要分多次少量慢慢加，以免最终面团过稀软。

♥ 摆放在笼屉上继续醒10分钟，成品口感更佳。

用料

紫薯1个　　面粉100克

酵母3克

制作

1. 酵母用少许温水泡开，然后用此水将面粉和成面团，醒30分钟。

2. 紫薯洗干净，去皮，切成小块，然后放入蒸笼大火蒸10分钟，熄火焖5分钟再取出，用勺子压成泥，放凉待用。

3. 在面团中加入紫薯泥，揉匀后再醒，直至面团体积扩大一倍。

4. 将醒好的面团均匀地分成几个小面团，每个面团摘若干剂，用擀面杖擀成类似饺子皮一样的皮子，将几个皮子叠起，从一侧卷起，卷紧后从中间切开，就制成两朵“玫瑰花”。

5. 将“玫瑰花”摆入蒸笼醒10分钟，大火蒸5分钟再熄火焖5分钟，即可出锅。

主打营养素

碳水化合物、膳食纤维、硒、花青素

主打营养素

蛋白质、卵磷脂、膳食纤维、铁、锌、维生素C、维生素D

菠菜蛋卷

用料

菠菜200克　鸡蛋2个
面粉适量　彩椒1个
火腿肠1个　盐2克
植物油适量

制作

1. 菠菜择洗干净；鸡蛋打入碗中；彩椒去蒂、籽，洗净，切成丁；火腿肠切片。
2. 菠菜入沸水中焯一下，捞出，挤干水分，切碎。
3. 将鸡蛋、菠菜、彩椒、火腿肠放一起拌匀，加少许面粉，制成糊状。
4. 平底锅刷上一层油，烧热后倒入糊糊，小火煎至凝固，翻面继续煎熟即可。

爱的叮咛

- 如果糊糊比较薄，煎好一面后卷起来，切成一段一段给让宝宝拿着吃，也是不错的。
- 菠菜中含有草酸，用水焯一下可以减少草酸含量。
- 对于不爱吃青菜的宝宝，这是一种不错的吃法，也可用其他青菜代替菠菜。

五彩饺子

爱的叮咛

❤ 变换花样，妈妈也可用其他颜色的蔬菜或水果打汁，做成色彩斑斓的饺子，吸引宝宝的食欲。

❤ 与普通饺子一样，也可包入不同的馅料，可经常变换口味。

用料

面粉 200 克　鸡胸肉 100 克
青菜 200 克　胡萝卜 1 根
香葱 2 棵　姜 5 克
盐适量　酱油适量
鸡精适量

制作

1. 青菜择洗干净，切碎；胡萝卜洗净，切成丁。将胡萝卜和一部分青菜分别榨成不同颜色的汁，然后将菜汁倒入面粉中，和成不同颜色的面团，醒 30 分钟。

2. 香葱择洗干净，切碎；姜去皮洗净，切碎；鸡胸肉洗净，剁碎；剩余一部分青菜用开水烫一下，过凉水后沥干，剁成末。

3. 将鸡胸肉、青菜末、盐、酱油、鸡精、葱花、姜末拌匀，沿着一个方向搅拌至肉馅上劲儿，饺子馅成。

4. 将醒好的面团揉匀，搓成长条，摘剂，用擀面杖擀成饺子皮。将馅包入擀好的饺子皮里，捏成饺子。

5. 锅中加水烧开，放入包好的饺子。水沸后加 1 勺凉水，再沸再加，共加 3 勺凉水，捞出即可。

玉米鸡肉羹

爱的叮咛

♥ 变换花样，也可放一些青菜，卖相更佳，营养也更丰富。

♥ 玉米粒可用从玉米棒中切下来的，也可用玉米罐头。

用料

玉米粒 100 克　　鸡胸肉 100 克

鸡蛋 1 个　　水淀粉适量

盐 1 克

制作

1. 鸡胸肉洗净，切成小块；鸡蛋在碗中打散。
2. 锅中加适量水烧开，放入鸡肉丁、玉米粒再烧开，转小火煲 20 分钟，加少许盐调味。
3. 水淀粉勾薄芡，淋入，再倒入蛋液，一边用筷子搅拌一边煮 1 分钟即可。

主打营养素

蛋白质、卵磷脂、锌、维生素 D、维生素 E

五彩蔬菜丁

主打营养素

碳水化合物、B族维生素、维生素C、胡萝卜素、维生素E

用料

豌豆50克　山药100克
胡萝卜半根　玉米粒50克
果酱适量　植物油适量

制作

1. 山药、胡萝卜分别去皮洗净，切成丁；豌豆洗净，控水备用。
2. 锅中加热水烧开，先放胡萝卜丁烫一下，捞出控水；再放山药丁煮熟。
3. 豌豆放油锅中炸熟。
4. 将山药、胡萝卜、豌豆、玉米粒放一起拌匀，淋入果酱即可。

爱的叮咛

♥ 山药皮可造成手痒，去皮时最好带上手套，或者在手上抹一点醋。

♥ 变换花样，也可加其他颜色鲜艳的蔬菜或水果，更能吸引宝宝的食欲。

青蛙三明治

> **爱的叮咛**
> ♥变换花样，还可借助草莓、巧克力酱、青菜、胡萝卜等食物制作其他有趣可爱的造型，刺激宝宝的食欲。

用料

青菜100克	覆盆子5~10颗
黄瓜半根	蓝莓3~5颗
高筋粉250克	糖50克
酵母3克	奶粉15克
盐2克	鸡蛋1个
黄油25克	牛奶135克

制作

1. 青菜择洗干净，打成汁；将高筋粉、青菜汁、糖、酵母、奶粉、鸡蛋、牛奶混合在一起揉到扩展阶段，加入黄油、盐揉到可以拉出大片厚膜的程度，放在温暖的地方进行发酵至面团2.5倍大。

2. 把面团在面板上揉几下，排出气体，均匀地分成3份滚圆，再盖上保鲜膜松弛15分钟。

3. 用擀面杖将小面团擀成椭圆形，然后翻过来，从下往上卷起，全卷好之后盖上保鲜膜，松弛10分钟，放入土司盒。盖上保鲜膜放温暖湿润处再次发酵至模具的9分满。

4.180度上下火预热烤箱，盖上土司盒盖子，烤40分钟左右。取出，放在烤架上晾凉，切片。

5. 将黄瓜、覆盆子、蓝莓、青菜梗摆放成青蛙的造型即可。

主打营养素

蛋白质、卵磷脂、钙、锌、维生素 D、维生素 E

奶香蛋挞

爱的叮咛

♥ 烤制过程中注意观察蛋挞表皮的变化，不同的烤箱烤制出的效果也不一样。

♥ 蛋挞液搅匀后，也可在上面放一些水果粒，制成果味蛋挞。

用料

蛋挞皮 3 个　牛奶 50 毫升

淡奶油 50 毫升　蛋黄 3 个

玉米淀粉适量　白糖适量

制作

1. 鸡蛋取蛋黄，打散。

2. 牛奶加热后，加白糖拌匀，再加淡奶油继续搅拌，然后放玉米淀粉，倒入蛋黄，继续搅匀。

3. 将搅拌后出现的颗粒或泡泡用漏勺过滤一下。

4. 蛋挞皮摆在烤盘上，将调好的混合液放入蛋挞皮中八分满。

5.200 度上下火预热烤箱，烤 20~25 分钟即可。

蓝莓山药

爱的叮咛

♥山药去皮之后，立即放入加了白醋的清水中，可预防氧化。

♥山药也可蒸熟后蘸蓝莓酱食用，不用压成泥。

用料

山药 200 克　　蓝莓酱适量

牛奶 100 毫升

制作

1. 山药去皮，洗净，切成段，放入蒸锅蒸熟。
2. 将蒸熟的山药放入碗中，淋入牛奶，用筛子压成泥，再装入裱花袋中，挤成自己喜欢的形状。
3. 蓝莓酱加适量温开水搅匀，均匀地倒在山药泥上即可。

主打营养素

蛋白质、碳水化合物、花青素、有机酸、钙

玉米荞麦糕

爱的叮咛

♥ 宝宝适当吃一些粗粮有助于消化，妈妈还可试试其他面粉，如高粱、燕麦、绿豆，或者将红薯、紫薯磨成面粉制作点心。

♥ 馒头的做法与玉米荞麦糕相似，妈妈在制作时还可加入少许巧克力酱等，吸引孩子吃一些主食。

用料

玉米面 100 克　　面粉 100 克

荞麦面 100 克　　酵母 3 克

制作

1. 将酵母用温水化开，玉米面、面粉、荞麦面混合均匀，将酵母水倒入面粉中，用筷子搅匀，然后分次倒入温开水，将面粉搅拌至大面片，再揉成光滑的面团，盖上湿布，放在温暖的环境中发酵至面团是原来的 2 倍。
2. 然后再将面团重新揉至光滑，进行第二次醒面 10 分钟。
3. 将面团揉成长宽各 4 厘米的长条，用刀切成 3 厘米长的段。
4. 将切好的面块再醒制 10 分钟，上屉蒸 40 分钟，熄火后焖 3~5 分钟即可取出。

主打营养素

碳水化合物、膳食纤维、维生素 E

清炒蛤蜊

爱的叮咛

♥ 蛤喇本身已经有咸鲜味，可不放盐、鸡精等调味品。

♥ 蛤蜊一定要挑拣干净的，将开口的和死的去掉，炒之前让蛤蜊多在水里吐吐沙子。

用料

蛤蜊 200 克　　香葱 2 棵

植物油适量

制作

1. 蛤蜊提前泡水吐沙，清洗干净；香葱择洗干净，切碎。
2. 炒锅加植物油烧热，放入蛤蜊，大火翻炒至所有蛤蜊开口，撒上葱花出锅即可。

主打营养素

锌、碘、钙、磷、铁、蛋白质、维生素 E

主打营养素

蛋白质、钙、磷、维生素 C、维生素 E、膳食纤维

水煮猪蹄

爱的叮咛

♥ 炖的时候一定要开最小火，才能保证猪蹄软嫩，否则会将猪蹄炖烂不成形。

♥ 盐容易使蛋白质凝固，所以只放酱油不放盐。

用料

猪蹄 1 个	生菜 1 棵
姜 10 克	大葱 1 棵
蒜瓣 3 瓣	酱油适量
植物油适量	

制作

1. 姜去皮洗净，切片；大葱择洗干净，切成段；蒜瓣洗净，拍碎。

2. 猪蹄洗干净，剁开，凉水下锅，放入猪蹄煮开。

3. 植物油入锅烧热，放姜片、蒜头、葱爆香，再放入猪蹄同炒香，放入酱油炒匀，再换砂锅，加半碗水，大火煮开后小火焖煮 2 小时。

4. 生菜择洗干净，将嫩叶铺在盘子上，将猪蹄捞出装盘即可。

第九章

家长都希望自己的孩子体格强健，健康又聪明。但若缺乏科学的喂养知识，可能就会影响孩子的身体和智力发育。功能食谱，就是要让宝宝缺什么补什么，预防各类营养素缺乏，帮助宝宝健康茁壮地成长！

补钙

宝宝缺钙，有哪些症状

1. 出汗多，睡觉、喝奶表现尤为明显。
2. 睡觉时易惊醒。
3. 白天烦躁不安，好哭。
4. 枕秃。
5. 出牙迟或牙齿排列参差不齐。
6. 学步迟。
7. 指甲灰白或有白斑。
8. 严重可引起佝偻病，各种骨骼畸形。
9. 大脑皮层功能异常，表情淡漠、语言发育迟缓。
10. 运动机能发育落后，肌张力低下。
11. 免疫力低下。

宝宝需要多少钙

不同年龄段的宝宝对钙的需求量是不同的，中国居民膳食钙参考摄入量如下：

年龄	每日参考摄入量（毫克）
0~6 个月	300
6~12 个月	400
1~3 岁	600

儿童生长发育迅速，在膳食平衡的情况下，每天仍然需要额外补充 1/3 的钙。

最适合宝宝补钙的食物排行榜

宝宝补钙，除了要多吃钙质含量高的食物外，还要多晒太阳。阳光中的紫外线可促进维生素 D 的合成，从而促进钙的吸收。牛奶虽在排行榜首位，但 1 岁以内的婴儿不建议喝牛奶。另外，妈妈在烹饪草酸多的蔬菜时，注意先焯水再烹调。

油焖大虾

爱的叮咛

♥锅底加一些番茄酱，色泽更佳，令宝宝更有食欲。

用料

大虾 200 克　　蒜瓣 3~5 瓣
盐 1 克　　植物油适量

制作

1. 大虾去头、虾线，再洗净；蒜瓣洗净，拍碎。
2. 植物油入锅烧至五成热，放入大虾，中火煎至变红色，继续小火慢扒至红色虾脑油渗出。
3. 再下入蒜瓣炒香，加盐炒匀即可。

小葱煎豆腐

爱的叮咛

♥煎豆腐时要一面煎上一层硬壳后再翻面，不要翻太早了，也不要煎糊了。

用料

豆腐 200 克　　鸡蛋 1 个
香葱 2 棵　　植物油适量
盐 1 克

制作

1. 豆腐洗净，切成大小厚薄均匀的块，放入盐水中浸泡 10 分钟。
2. 鸡蛋打散；香葱择洗干净。
3. 将泡好的豆腐放纱布上吸干表面水分，蘸干淀粉，再裹上蛋液。
4. 植物油入平底锅烧至五成热，下入豆腐煎至一面金黄后翻另一面，煎至两面金黄时捞出控油，装盘。
5. 将葱花撒在豆腐上做点缀即可。

补铁

宝宝缺铁，有哪些症状

1. 精神萎靡不振，面色、指甲苍白、口唇及舌淡红色或苍白；巩膜发蓝；毛发干枯、易脱落。

2. 不爱活动或活动较少，疲乏困倦，腿脚软弱无力，注意力不集中。

3. 食欲减退，不爱吃饭，有厌食、偏食现象，有的宝宝甚至有异食症。

4. 容易患各种感染性疾病，一遇流感就生病。

5. 爱哭闹，情绪易波动，易怒、兴奋、烦躁，甚至出现智力障碍。

宝宝需要多少铁

不同年龄段的宝宝对铁的需求量是不同的，具体需求如下：

年龄	每日参考摄入量（毫克）
0~6 个月	0.3
6~12 个月	10
1~3 岁	12

最适合宝宝补铁的食物排行榜

Tips 补铁最好采取动物性食物和植物性食物混合着吃。由于植物性食物所含的维生素 C 可使铁吸收率增加 1 倍，家长可在饭前给宝宝吃一个水果。

彩椒炒肉丝

爱的叮咛

♥ 彩椒口感特别，即使不用蒜瓣、姜爆香锅底，只有彩椒味道也很好。

用料

猪里脊肉 200 克	黄椒 1 个
青椒 1 个	红椒 1 个
蒜瓣 2 瓣	姜 5 克
生抽适量	淀粉适量
盐 1 克	植物油适量

制作

1. 猪里脊肉洗干净，切成丝，用生抽、淀粉拌匀，腌制 10 分钟。
2. 菜椒去蒂、籽，洗净，切成条；姜去皮洗净，切碎；蒜瓣洗净，拍碎。
3. 锅中加植物油烧热，放入姜末、蒜蓉爆香，放入腌好的猪里脊肉迅速炒散，继续炒至肉丝变色，盛出。
4. 锅底留油继续加热，放入彩椒煸炒 1 分钟，放入炒好的肉丝、盐翻炒均匀即可。

红枣排骨汤

爱的叮咛

♥ 还可加入一些花生、山药等。

用料

红枣 5~10 颗	莲藕半根
排骨 200 克	干鱿鱼 50 克
姜 10 克	盐 2 克

制作

1. 红枣洗净；姜去皮洗净，切成片；排骨洗净，剁成块；鱿鱼干洗净，放在水里浸泡，泡软后剪成小块。
2. 排骨冷水入锅，同放一块姜，煮开去血沫去腥，然后捞出洗净，放入炖锅。

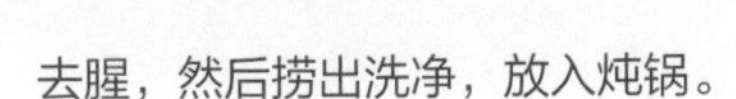

3. 将排骨、红枣、姜片、鱿鱼片及适量水放入炖锅，烧开后转小火炖 1 小时，最后加盐调味即可。

补锌

宝宝缺锌，有哪些症状

1. 食欲减退，普遍食量减少，不主动进食，或挑食、厌食、拒食。
2. 喜欢吃奇怪的东西，如咬指甲、衣物，啃手指、玩具、硬物，吃头发、泥土、砂石等。
3. 指甲出现白斑，手指长倒刺，出现地图舌。
4. 免疫力低下，很容易感冒、发烧，反复出现呼吸道感染，容易出虚汗，睡觉盗汗。
5. 易患口腔溃疡；出现外伤时受损伤处不易愈合；易患皮炎、顽固性湿疹。
6. 身体发育迟缓或发育不良，身材矮小、瘦弱。
7. 智力发育落后，多动，反应慢，注意力不集中，学习能力差。

宝宝需要多少锌

不同年龄段的宝宝对锌的需求量是不同的，具体需求如下：

年龄	每日参考摄入量（毫克）
0~6 个月	3
6~12 个月	5
1~3 岁	10

最适合宝宝补锌的食物排行榜

锌元素主要存在于海产品、动物内脏中，如瘦肉、猪肝、鱼类、蛋黄等，其他食物中含量较少，补锌应以动物性食物为主，植物性食物含锌低而且不容易吸收。已经缺锌的宝宝必须服用补锌制剂，否则会严重影响发育。

干贝海带汤

爱的叮咛

♥ 也可加一些肉丸、香菜、香葱等，变换花样变换营养。

用料

干贝6~8颗　海带100克
粉条50克　冬瓜100克
白菜100克　盐1克
香油适量

制作

1. 干贝用温水浸泡1小时，直至泡软；海带泡发，洗净，切成片；冬瓜去皮、瓤，切成片；白菜择洗干净，撕成片。
2. 将干贝、海带放入炖锅，加适量水烧开，转小火炖1小时，加入冬瓜、白菜、粉条继续炖至熟，最后加盐和少许香油调味即可。

清蒸牡蛎

爱的叮咛

♥ 这道膳食可以蒸，也可入微波炉烤。食用时可以直接吃，也可以搭配调味汁食用。

用料

牡蛎300克

制作

1. 牡蛎冲洗干净，大火冷水上锅蒸3~5分钟关火即可。
2. 蒸好后，壳就会打开，直接食用即可。

补蛋白质

宝宝缺蛋白质，有哪些症状

1. 头发枯黄，断裂，没有光泽，缺乏弹性，易脱发。
2. 皮肤干燥。
3. 指甲生长迟缓。
4. 精神萎靡不振，易疲劳，生长缓慢。
5. 抵抗力下降，易感染疾病，生病后很难治愈。
6. 容易贫血、干瘦或水肿，严重时四肢细短、头偏大。
7. 生长发育迟缓，智力发育障碍。

宝宝需要多少蛋白质

不同年龄段的宝宝对蛋白质的需求量是不同的，具体需求如下：

年龄	每日参考摄入量（毫克）
0~6 个月	每 1 千克体重大约需要 2 克的蛋白质
4~12 个月	8
1~3 岁	35~40

最适合宝宝补蛋白质的食物排行榜

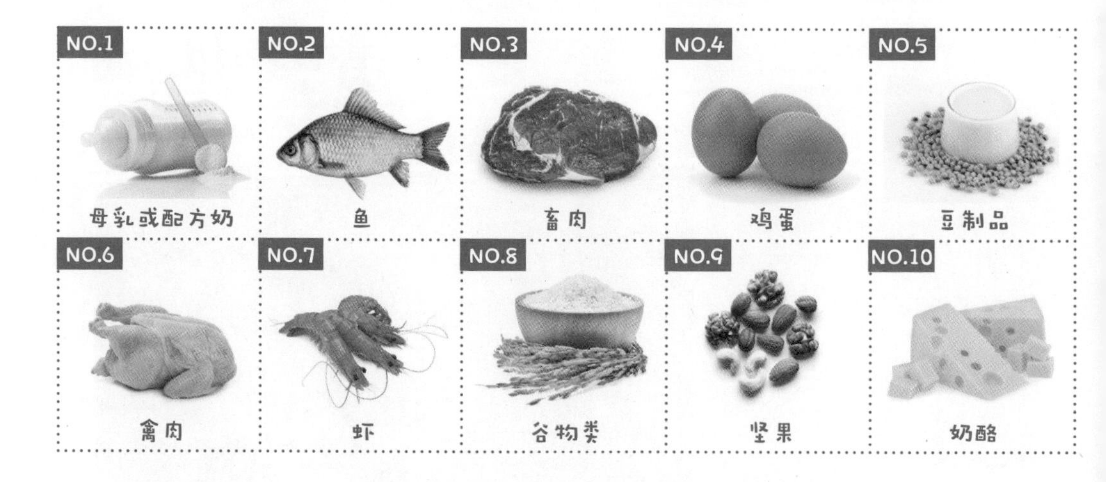

优质蛋白质主要来源于动物性食物，考虑到婴幼儿的消化系统、肾功能都还很稚嫩，动物性食物一般在6个月之后添加，一些容易引起过敏的食物，如虾、贝壳类海鲜食物，可等宝宝1岁后添加，添加辅食时要严格观察过敏症状。

菠菜炒鸡蛋

爱的叮咛

♥ 这道膳食还可将菠菜、鸡蛋单独炒一个菜，或火腿肠、鸡蛋搭配炒一个菜，变换花样。

用料

菠菜 200 克　　鸡蛋 3 个
火腿半根　　盐 1 克
植物油适量

制作

1. 鸡蛋打散，加少许盐搅匀；菠菜择洗干净，切成段；火腿切片待用。
2. 植物油入锅烧热，放入鸡蛋炒熟，盛出。
3. 锅底留油继续加热，倒入火腿肠，小火煸炒变色，盛出。
4. 锅底留油继续加热，放入菠菜炒至蔫，加少许盐及炒好的火腿和鸡蛋，翻炒均匀即可。

粉圆豆花

爱的叮咛

♥ 也可加盐、酱油、芥菜末，制成咸味豆花。

用料

内酯豆腐 200 克　姜 3 克
粉圆适量　　黄片糖适量

制作

1. 姜去皮，洗净，切成片。
2. 锅中加水烧开，放入粉圆煮至完全透明，捞出放入凉开水中备用。
3. 锅中放姜片、黄片糖，开中火熬煮 15~20 分钟，熄火备用。
4. 内酯豆腐直接脱入锅中，加水稍稍加热，再铲入碗中，倒入熬好的黄片糖姜水，放入粉圆即可。

补维生素

宝宝缺维生素 A，有哪些症状

1. 暗适应能力下降，出现夜盲。
2. 长骨的伸长也有明显影响，骨骼变得又短又厚。
3. 牙釉质发育不良。
4. 体格和智能发育轻度落后，常伴营养不良、贫血和其他维生素缺乏症。
5. 反复发生呼吸道感染。

宝宝缺 B 族维生素，有哪些症状

1. 缺乏维生素 B_1 会引起消化不良，或多发性神经炎。
2. 缺乏维生素 B_2，宝宝容易口臭、睡眠不佳、精神倦怠，皮肤油，皮屑多，易出现口腔溃疡、口角炎。
3. 缺乏维生素 B_6、维生素 B_{12}，可导致毛发稀黄、精神不振、食欲下降，严重时甚至呕吐、腹泻，出现营养性贫血。

宝宝缺维生素 C，有哪些症状

1. 抗病能力减弱，易患疾病，经常性感冒。
2. 出现出血倾向，如皮下出血、牙龈肿胀出血、鼻出血等，伤口不宜愈合。

宝宝缺维生素 D，有哪些症状

缺乏维生素 D 可导致小儿佝偻病，症状即佝偻病临床表现。

宝宝缺维生素 E，有哪些症状

1. 皮肤干燥，缺少光泽，容易脱屑。
2. 生长发育迟缓。

各种维生素的食物来源

维生素 A：鱼肝油、动物肝脏、黄色水果及黄绿色蔬菜。

B 族维生素：维生素 B_1 主要来源于谷类、豆类、酵母、坚果及动物内脏；维生素 B_2 主要来源于动物内脏、禽蛋、奶、豆类及新鲜蔬菜中；维生素 B_6 主要来源于小麦麸、麦芽、动物肝脏与肾脏中；维生素 B_{12} 主要来源于动物肝脏、瘦肉、蛋、奶中。

维生素 C：新鲜蔬菜、水果，如青枣、猕猴桃、柚子、橙子、草莓、苹果、西蓝花、彩椒等。

维生素 D：鱼肝油、动物肝脏、蛋黄等。

维生素 E：植物油、谷物胚芽等，只要每天用植物油炒菜，不要特别补充。

以上维生素种类，除了维生素 A、维生素 D 需要特别补充，一般只要保持饮食均衡，家长不必特意喂食维生素制剂。

鸡肝三明治

爱的叮咛

♥ 这道膳食主要补充维生素A、维生素D，预防佝偻病。

用料

三明治 2 片

鸡肝 200 克

制作

1. 鸡肝用流水冲洗 10 分钟，再浸泡半小时，取出切片。鸡肝放入蒸锅蒸熟，取出。
2. 用擂钵将鸡肝捣碎，可加少许温开水，使鸡肝成泥糊状。
3. 将肝泥涂抹到三明治上，直接食用即可。

西蓝花黄瓜糊

爱的叮咛

♥ 榨汁时最好不放水，也不要滤汁，否则补充B族维生素和维生素C的效果会降低。

用料

西蓝花 100 克

黄瓜 1 根

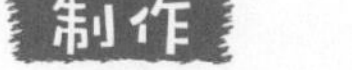

1. 西蓝花掰成小朵，入盐水浸泡半小时，洗净；黄瓜洗净，切碎。
2. 将西蓝花放入盐开水中焯熟，捞出过凉水，然后沥水，切碎。
3. 将西蓝花、黄瓜放入榨汁机榨汁即可。

健脾开胃

宝宝脾胃不和，有哪些症状

1. 食欲不振，饮食量比平时明显减少，挑食、厌食，即使平时爱吃的食物也不感兴趣。

2. 呕吐物或大便有不消化物或奶瓣味，气味臭秽。

3. 经常消化不良，腹部胀大或腹胀有气，排气多或放屁有异味，容易积食，腹泻或便秘。

4. 舌苔白厚或黄厚，口唇干或裂，口中有酸腐味，经常会发生地图舌。

5. 易出现湿疹。

6. 吸收不好，容易导致营养不良，一般孩子都偏瘦。

7. 有的宝宝还表现为手心发热、夜间盗汗、睡不安稳、抵抗力差、爱发脾气、常哭闹等情况。

对于脾胃不和的宝宝，怎么添加辅食

宝宝的肠胃功能弱，需要营养又多，所以很容易出现脾胃不和的现象。保护宝宝的脾胃，家长应按照下面的原则添加辅食。

不要勉强喂食。每个宝宝的食量不同，应在正常标准量的基础上做差异化调整，不能盲目强求，更不能勉强。

按月龄、年龄添加辅食。遵循循序渐进的添加原则，按照年龄特点选择合适的辅食，不要给孩子吃不适合其年龄的食物。

创造良好的进食氛围。不要在餐桌上训斥宝宝，宝宝受到不良刺激容易伤害脾胃功能。当宝宝不想吃的时候也不要勉强，宝宝若长时间食欲不佳时，家长应积极寻找真正原因。

建立良好的饮食习惯。零食无节制的宝宝或暴饮暴食的宝宝，饮食规律会被打破，最好养成定时、定量的进餐习惯。

健脾开胃，宝宝宜吃什么

宝宝消化不良时，可以吃鸡内金、山楂、神曲等具有药食两用作用的食物，日常健脾开胃，要给宝宝喂食营养易消化的食物，如大米粥，或一些有刺激食欲作用的食物，如西红柿汤、橙汁。

脾胃最怕受寒，吹空调、吃冷饮或者夜间没有注意宝宝腹部的保暖，都会使寒气侵入其机体，很容易造成消化不良。

炒红果

爱的叮咛

♥ 这道膳食一次不宜给孩子吃太多。

♥ 不要用铁锅煮。

用料

山楂 200 克

冰糖 50~100 克

制作

1. 山楂洗净，用一个干净的笔筒从中间插入，去核。
2. 热锅加入冰糖和适量水，小火煮至冰糖完全融化。
3. 放入山楂（水需刚刚高过山楂），盖上锅盖，煮至锅中汤汁开始冒出密集的泡泡，用铲子轻轻推锅里的山楂，再继续中火煮 20 分钟，煮至山楂变色，锅里汤汁变浓，改大火收汁即可。

三色泥

爱的叮咛

♥ 这道膳食的卖相和口感都很好，既能吸引宝宝食欲，又能促进消化。

用料

红薯 1 个	山药 1 个
红豆 100 克	冰糖适量

制作

1. 红豆提前浸泡一夜，然后淘洗干净；红薯去皮洗净，切成小块；山药去皮，洗净，切成段。
2. 将红薯、山药分别放入小碗，放入蒸笼蒸。
3. 红豆加水大火烧开，转中火熬至红豆软烂，然后加冰糖，倒入搅拌机打碎，再入炒锅，小火翻炒至红豆沙偏干。
4. 分别将红薯泥、山药泥、红豆沙盛出即可。

提高免疫力

宝宝免疫力低下，有哪些症状

1. 容易出汗，经常头发湿漉漉的，夜间出汗严重。
2. 湿疹频频发作。
3. 常流鼻涕。
4. 面色苍白或发黄、食欲不振、腹胀便溏。
5. 大便不规律，容易发生腹泻。
6. 季节交换时容易生病。
7. 外出活动时，容易被其他宝宝传染疾病。
8. 经常因细菌感染生病，如感冒、肺炎、腹泻、脑膜炎等，且生病后药物治疗效果不佳、疾病长期不愈。
9. 一年感冒 3 次以上。
10. 多数看上去很瘦。

提高免疫力，宝宝宜吃什么

摄取充足的维生素、矿物质，是提升宝宝免疫力的重要方法。家长要给孩子多吃蔬菜、水果，如果宝宝不爱吃蔬菜，就将蔬菜做成包子、饺子、馅饼等。同时，最好每周给孩子吃一次新鲜、卫生的动物性食物，如鱼、猪肝、瘦肉等。缺乏铁、锌这两种营养素的宝宝也很容易抵抗力下降、食欲不振。

除了均衡饮食之外，睡眠充足也是增强宝宝免疫力的重要方法，睡眠不足可使人体内重要的免疫细胞——自然杀伤细胞（Natural killer cell）制造不足，引起免疫力、抵抗力下降。新生儿每天要睡够 18 小时，1 岁之内每天需要睡 13~14 小时，1~3 岁，每天需睡 12 小时左右。

什锦果汁

爱的叮咛

♥ 也可加入更多的水果，补充更多不同的植物性营养素。

用料

香蕉1根	木瓜100克
苹果半个	梨半个
猕猴桃半个	橙子半个
蓝莓8~10颗	

制作

1. 香蕉剥去皮；木瓜去皮、籽，洗净，切成小块；苹果、梨分别洗净，去核，切成小块；猕猴桃切掉头，紧贴果皮插入勺子慢慢旋转，挖出果瓤；蓝莓洗净。
2. 将以上材料放入榨汁机榨汁。
3. 橙子洗净，横向切成两半，将橙子剖面覆盖在挤橙器上旋转，使橙汁流出来，然后将橙汁倒入榨好的果汁中拌匀即可。

三文鱼奶油土豆汤

爱的叮咛

♥ 这是一道改良自法式汤的宝宝膳食，可用洋葱代替大葱。

用料

三文鱼100克	土豆1个
胡萝卜半根	葱1棵
淡奶油100毫升	莳萝适量
柠檬汁适量	橄榄油适量

制作

1. 三文鱼洗净，切小块，加盐、柠檬汁腌10分钟。土豆去皮，洗净，切小块；胡萝卜洗净，切成块；葱择洗干净，切成段。
2. 橄榄油入锅烧热，下入葱段煸炒至出香味，放入土豆块、胡萝卜，炒至土豆表面微微透明，然后加水没过土豆，大火烧开后转中火，熬至汤汁变少、土豆煮熟。
3. 放入腌好的三文鱼，大火煮至三文鱼变色，放入淡奶油，烧开后熄火，撒上莳萝即可。

健脑益智

营养是改善脑细胞的重要因素

大脑是人体最复杂、活力最旺盛的器官，它的重量虽然仅占人体的2%，但其消耗的能量要占全身总耗能量的20%，如果营养供应不足，会造成脑细胞发育不良。因此可以说，加强营养是改善脑细胞发育并使它功能增强的重要因素，可以让宝宝更聪明。

另外，在生长发育旺盛的婴幼儿期，虽然宝宝的脑细胞的数量不再增加，但脑细胞的体积却在不断增大，功能也日益成熟和复杂化，所以家长在整个婴幼儿时期要给宝宝提供足够的营养素，这会对宝宝的大脑和智力发育起到推动作用。

健脑益智，宝宝宜吃什么

富含不饱和脂肪酸的食物。不饱和脂肪酸可促进脑细胞充分发育，促进智力发育，起到健脑益智的作用。代表食物有各种海鱼、芝麻、核桃、碧根果、酸奶、洋葱、西蓝花、韭菜、西红柿、海带、紫菜、香菇、黄豆等，以海鱼为最佳，坚果次之。

富含卵磷脂的食物。人大脑神经细胞中卵磷脂的含量占其质量的17%~20%，补充卵磷脂能提高脑细胞的活性化程度，提高记忆与智力水平。代表食物有蛋黄、牛奶、豆制品、动物脑髓、动物内脏等。

其他对大脑有益的营养素。如维生素B_6会振奋精神，维生素C可在脑内神经递质合成过程中发挥作用，钙能放松神经细胞，因此要多为孩子提供含有这些营养素的食物。

Tips

除了饮食，培养有规律的生活习惯、让宝宝多多参与动手动脑的游戏、让宝宝多多参与交流等，也有助于促进宝宝大脑发育。

燕麦苹果核桃粥

爱的叮咛

❤坚果含脂肪酸较多，除了核桃，还可放入松仁、花生等。

用料

燕麦 50 克　　苹果半个
核桃 3~5 个

制作

1. 核桃取出果仁；苹果洗净，临入锅时去核、切片。燕麦淘洗干净，加水熬煮成粥。
2. 粥将熟时，放入核桃、苹果，再熬 1 分钟即可。

香煎带鱼

爱的叮咛

❤煎的过程中不要翻动，可以轻轻晃动平底锅，一面煎至金黄色之后翻面继续煎。

用料

带鱼 200 克　　生粉适量
盐 1 克　　五香粉适量
姜 10 克　　大葱 1 棵
生抽适量　　植物油适量

制作

1. 姜去皮，洗净，切碎；大葱择洗干净，切碎。
2. 带鱼去内脏洗净，切成段，然后用盐、五香粉、生抽、姜末、葱花腌 2 小时。
3. 将腌好的带鱼拭去多余水分，然后用生粉包裹，使带鱼表面干燥。
4. 平底锅倒入植物油烧至就九成热，放入带鱼，两面慢煎至金黄色即可。

保护视力

保护视力，要从“娃娃”抓起

0~6 岁阶段，宝宝的眼睛及视觉是以渐进的方式持续发育的，直到 6 岁才能达到成年人的视力水平，在此期间的许多眼睛疾病，都可以及时纠正并恢复到正常状态，所以 6 岁之前，家长要注意宝宝眼睛发展情况。

在电子产品泛滥的今天，保护视力要从婴幼儿做起，家长要避免孩子很小就沉迷于手机、平板电脑，限制其看电视时间。一般从 2 岁开始，就可以为宝宝测视力了，正常视力：2 岁 0.4~0.5，3 岁 0.5~0.6，4 岁 0.7~0.8，5 岁 0.8~1.0，6 岁 1.0 或以上。一旦发现宝宝有视力问题，要及时诊断和治疗。

保护视力，宝宝宜吃什么

含维生素 A 的食物：维生素 A 能维持正常视觉功能，维生素 A 不足可导致暗适应恢复时间延长，严重时可引起夜盲症。

含胡萝卜素的食物：胡萝卜素是构成视觉细胞内的感光物质，在人体内可转化成维生素 A，治疗夜盲症、干眼病及上皮组织角化症。

含维生素 B_2 的食物：维生素 B_2 能增进视力，减轻眼睛的疲劳，缺乏可导致眼睛怕光、易流泪、易有倦怠感、视物模糊等眼部疾患。

含花青素食物：如蓝莓、葡萄、桑葚、紫甘薯等。花青素可以促进眼睛视紫质的生成，稳定眼部的微血管，增强微血管的循环，有很强的抗氧化能力和保护眼睛的作用。

中医学认为，“肝开窍于目”，所以日常吃一些养肝的食物也有助于保护眼睛，如枸杞子、动物肝脏、桑葚等。

清炒胡萝卜

爱的叮咛

♥ 一次不宜吃太多胡萝卜，可经常将胡萝卜搭配其他食物烹饪。

用料

胡萝卜 2 根　　青菜 50 克
蒜瓣 2~3 个　　盐 2 克
鸡精适量　　植物油适量

制作

1. 胡萝卜去皮，洗净，切成片；青菜择洗干净，切碎；蒜瓣拍碎。
2. 植物油入锅烧热，放入胡萝卜翻炒数下，加入蒜蓉、盐、鸡精炒至胡萝卜熟，撒上青菜叶炒匀皆可。

蓝莓牛奶汁

爱的叮咛

♥ 可等蓝莓果皮稍微沉淀下去再喝，口感更好。

用料

蓝莓 15~20 颗
牛奶 250 毫升

制作

1. 蓝莓洗净。
2. 将蓝莓和牛奶用榨汁机炸碎即可。

胡萝卜猪肝粥

用料

大米 50 克　　胡萝卜半根　　盐 5 克
猪肝 10 克　　黑芝麻 10 克

制作

1. 猪肝用盐水浸泡半小时，洗净，切片；胡萝卜洗净，切成丝；大米淘洗干净。
2. 猪肝入沸水焯 5 分钟，盛出。
3. 大米、猪肝入锅，加适量水熬煮至粥将熟，放入胡萝卜丝，撒上黑芝麻即可。

爱的叮咛

♥ 变换花样，也可放入少许葱花或芹菜粒，口感更好。

♥ 胡萝卜含的维生素 A 与 β 胡萝卜素有预防夜盲症、加强眼睛的辨色能力的作用；猪肝也含有丰富的维生素 A，二者搭配，有助于减少眼睛疲劳与眼睛干燥，保护眼睛。

第十章

宝宝常见病调养食谱

由于宝宝身体各部分发育还不完善，很容易生病，生病又直接影响着孩子的身体状态和精神状况，因此生病期间的饮食也是父母最关心的问题。科学喂养，既可以促进健康，帮助宝宝防治疾病，有些食物，在治疗疾病的期间还能起到辅助治疗的作用。

腹泻

宝宝腹泻，有哪些症状

1. 轻型腹泻表现为：

①大便次数增多，每日数次至 10 余次。

②每次大便量不多，常见白色或淡黄色小块。

③大便稀，有时有少量水。

④大便呈黄色或黄绿色，混有少量黏液。

⑤偶有小量呕吐或溢乳，食欲减退。

⑥体温正常或偶有低热。

⑦面色稍苍白，体重不增或稍降。

2. 重型腹泻表现为：

①每日大便十数次或更多，便中水分增多。

②大便呈黄或黄绿色，有腥臭味。

③随病情加重和摄入食物减少，大便臭味减轻，粪块消失而呈水样或蛋花汤样。

④患儿食欲低下，常伴呕吐，出现水和电解质紊乱的症状。

⑤多有不规则低热，重者高热。

⑥体重迅速减轻。

宝宝腹泻，怎样饮食调理

母乳喂养的宝宝，暂停辅食，适当减少母乳量，延长两次喂奶时间间隔，使宝宝的肠胃得到充分休息。

人工喂养或混合喂养的宝宝，要及时给宝宝补充水分，预防水和电解质紊乱。同时，减少或暂停辅食，待腹泻稍微好转，可喂食一些清淡的米汤、米粥等，待宝宝完全好转再恢复原来的饮食。

Tips

婴幼儿腹泻与宝宝的体质、感染、饮食卫生等因素有关，家长在添加辅食时注意饮食卫生，避免宝宝与腹泻患儿接触，同时遵循辅食添加原则，避免宝宝消化功能紊乱或食物过敏。

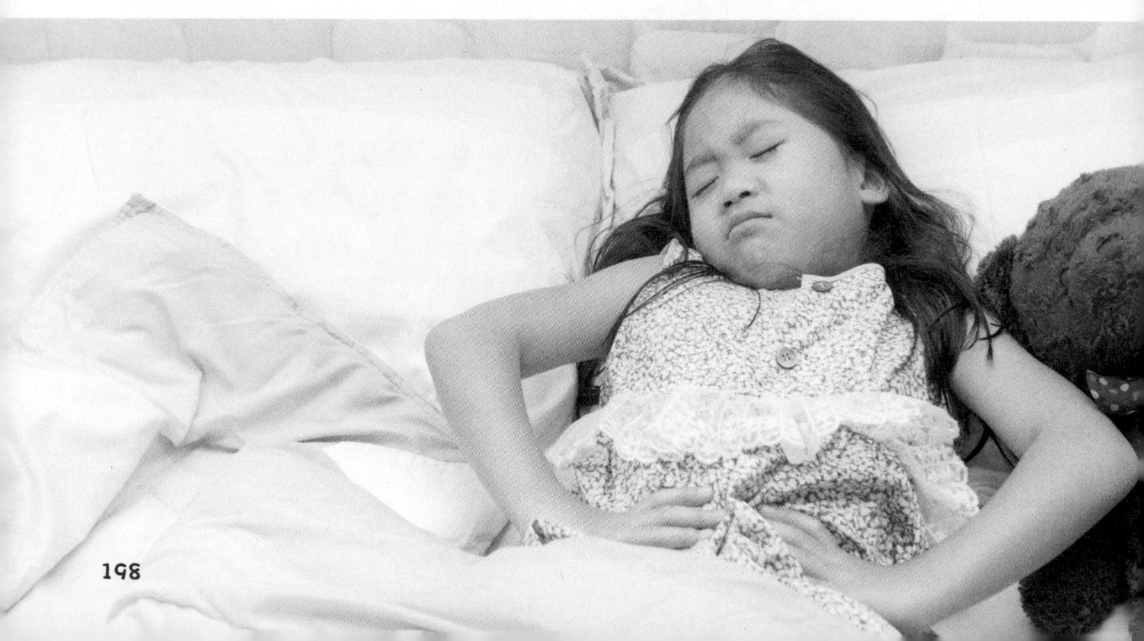

大米粥

爱的叮咛

♥大米有止渴、止泻的功效，是腹泻宝宝的理想辅食。

♥煮白粥即可，不用放肉末、蔬菜等不易消化的食物。

用料

大米50克

制作

1. 大米淘洗干净。
2. 将大米放入汤锅，加水烧开后转小火煮至粥熟即可。

焦米汤

爱的叮咛

♥炒焦的大米已部分碳化，有吸附毒素和止泻的作用。

用料

大米50克

制作

1. 大米放入锅中，小火炒至焦黄，铲出。
2. 将炒焦的大米放入汤锅中，加适量水烧开后转小火煮至粥熟即可。

呕吐

宝宝呕吐，有哪些症状

呕吐前，患儿面色苍白，上腹部不适（幼儿常说腹痛），厌食、进食进水均吐。呕吐物有时从口和鼻腔喷出。呕吐严重时，患儿出现口渴、尿少、精神萎靡不振、口唇红、呼吸深长、脱水酸中毒的临床表现。

根据病因的不同，呕吐物颜色、气味均有不同。如因食管闭锁所致，呕吐物呈清亮或泡沫状黏液及未消化的奶汁或食物；因幽门肥厚性狭窄、幽门瓣膜所致，呕吐物为黏液、乳凝块及胃内容物；功能性呕吐，呕吐物为黄或绿色清亮黏液样的呕吐物，有时混有少量奶块或食物等。

宝宝呕吐，怎样饮食调理

呕吐会使体内水分流失，呕吐 2 小时后，如果期间没有再吐，可以给宝宝喝少量白开水或用温水调淡的饮料，但尽量避免奶类饮品。且注意喝水一次不要太多，每次少喝一点，频频饮用。第三个小时，可让孩子每 5 分钟喝一匙羹水。第四小时，可 10 分钟两匙羹水。第五小时，可每 15 分钟喝三匙羹水。如果情况稳定，可以让孩子吃一些简单易消化的食物，如白粥、白面包、面条、饼干，如果要喝奶，奶粉冲淡一些。如果母乳喂养，需要母亲吃一些易消化、有营养、清淡的食物。

若呕吐比较严重，宝宝应禁食禁水 4~6 小时，以防呕吐物误入气管，且呕吐停止后 6~8 小时内，禁食固体食物，可饮用少量流食，慢慢恢复饮食，避免胃部负担过大。

无论轻度呕吐或是重度呕吐，当呕吐停止后，不要急着喂食，24 小时内可让宝宝自主进食，宝宝不吃就不要强迫，否则宝宝胃部不适，依然会呕吐。

Tips

预防呕吐，新生儿、婴儿哺乳时，不宜过急，哺乳后竖抱宝宝身体，让他趴在妈妈肩上，轻轻拍背部至打嗝。日常不要给宝宝吃不卫生、不新鲜的食物。做到饮食定时定量，避免暴饮暴食，不要过多食用煎炸肥腻食品及冷饮。

姜糖水

爱的叮咛

♥ 生姜有温中止呕的作用，有"呕家圣药"之誉，姜中所含的姜辣素能有效治疗因过食寒凉食物而引起的腹胀、腹痛、腹泻、呕吐等症。

用料

生姜适量
红糖适量

制作

1. 生姜洗净去皮，切成大块。
2. 将姜块、红糖放入锅中，加适量清水，盖上盖子，炖煮半个小时。

生姜柠檬汁

爱的叮咛

♥ 也可将生姜、柠檬分别榨汁，加少许温开水搅匀服用。
♥ 在感冒易发季节，生姜柠檬汁还有预防感冒的作用。

用料

生姜适量
柠檬半个

制作

1. 生姜洗净去皮，切片；柠檬洗净，切成片。
2. 将姜片入锅，加水煎煮 3 分钟，再加入柠檬片续煮 1 分钟即可。

便秘

宝宝便秘，有哪些症状

1. 排便次数减少，每周≤2次。
2. 排便困难、费力，或排便疼痛，或有血便、大便失禁。
3. 有腹痛、腹胀、食欲不振、呕吐等胃肠道症状，排便或排气后可缓解。
4. 易激惹、食欲下降或早饱，大便排出后症状消失。

宝宝便秘，怎样饮食调理

多喝水、摄入水分是缓解便秘的简单易行方法，除了喝白开水，还可以通过蔬果汁、汤羹、粥等方法补充。白开水的摄取，建议在餐与餐之间、早晨起床这两个时间段，前者可避免宝宝饥饿，后者可促进排便。

宝宝的膳食，不要过度依赖母乳、配方奶和精细化饮食，6个月之后的宝宝，就可以通过蔬菜汁、蔬菜泥来增加膳食纤维了。随着宝宝能接受食物种类的增多，逐渐增加膳食纤维的摄入量。全谷类、蔬菜类、水果类、坚果类及荚豆类等食物，皆含有丰富的膳食纤维。

最适合宝宝调理便秘的食物排行榜

Tips 为预防便秘复发，宝宝还要养成规律性如厕的习惯。鼓励幼儿养成饭后蹲坐马桶的习惯，每次蹲坐时间最好在5分钟以上，以训练其排便频率的记忆。此外，适度增加活动量，可有效促进肠道蠕动，改善便秘。

苹果麦片粥

爱的叮咛

♥ 杂粮粥、蔬菜粥均含有丰富的膳食纤维，妈妈可经常变换食物种类和搭配方式，吸引宝宝进食。

用料

燕麦片 50 克

苹果 1 个

制作

1. 燕麦片淘洗干净；苹果洗净，入锅前切小块。
2. 燕麦片入锅，加水烧开后转小火煮至熟，放入苹果块盛出或再煮 1 分钟即可。

红薯泥

爱的叮咛

♥ 也可将红薯放入微波炉烤熟，作为宝宝的加餐零食。

用料

白心红薯半个

黄心红薯 1 个

制作

1. 红薯去皮，切成小粒。将红薯放入蒸笼蒸熟。
2. 黄心红薯入碗，用勺子将其碾碎，白心红薯部分碾碎，留几颗完整放在上面作点缀。

发热

宝宝发热，有哪些症状

1. 体温攀升，超过 37.5℃。
2. 皮肤潮红、灼热，脸色苍白，呼吸浅而快。
3. 手脚发凉、无汗、畏寒，有时伴寒战。
4. 肌肉酸痛，全身倦怠无力，手脚、大腿可能会出现不能控制的痉挛、抽动。
5. 食欲不振，有的宝宝还有恶心呕吐的现象。
6. 提不起精神，整个人都病恹恹的。
7. 夜里睡不安稳，或哭闹不安。
8. 排尿量较平时少，并出现小便发黄、颜色较深等情况。

宝宝发热，怎样饮食调理

发热会消耗身体很多水分，家长要让宝宝多喝白开水、多休息，多吃维生素 C 含量丰富的食物，增强抗病能力。

在发热期间，宝宝的饮食以流食为主，也可喂食一些肉末粥、面条、稀饭、蛋花粥等易消化的半流质食物。饮食以清淡、易消化为原则，油、盐宜少，少量多餐。

同时，还可补充一些电解质食物，如含钾、钠较多的柑橘、香蕉等水果，含钙较多的奶类与豆浆等。

Tips

宝宝发热，优先使用物理退烧的方法，如温水擦浴、使用退热贴。只有当体温达 38.5 ℃ 以上时，才喂食退烧药，且每次服药间隔 4~6 小时，仍然要保证多喂水，同时家长还要严密观察病情，必要时及时就诊。

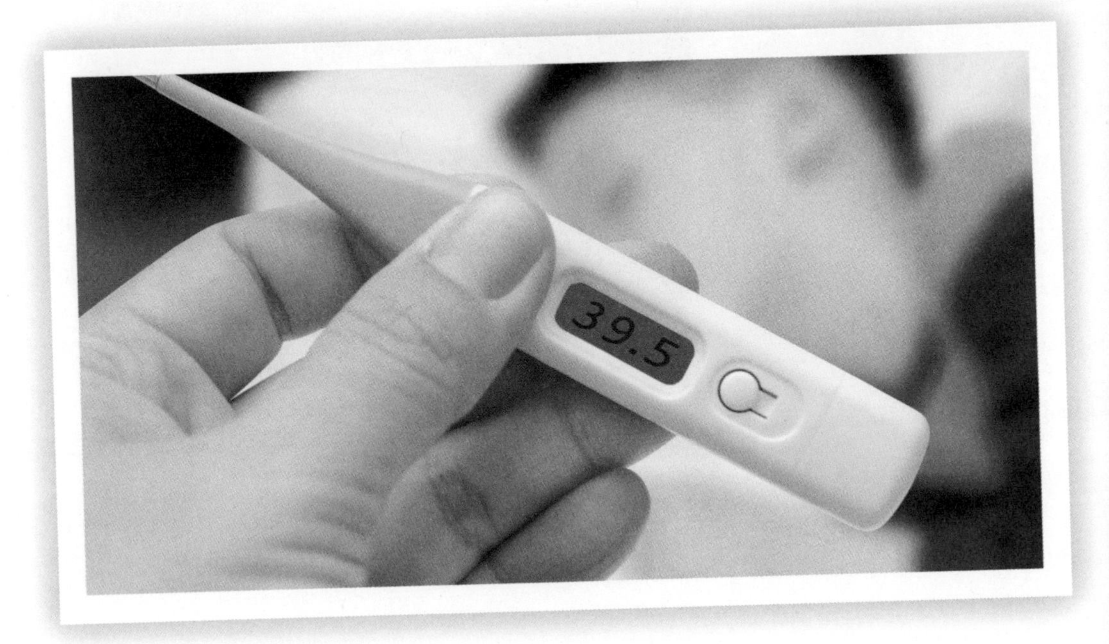

绿豆粥

爱的叮咛

♥绿豆性寒凉，有清胆养胃、解暑止渴等作用。

用料

绿豆 100 克

冰糖少许

制作

1. 绿豆淘洗干净。
2. 绿豆放入锅中，加水适量，大火烧开后转小火焖烧 40 分钟，直至绿豆酥烂、粥汤稠浓即成，冷却后加少许冰糖拌匀。

西红柿西瓜汤

爱的叮咛

♥西瓜性凉，有清热降暑的作用。西瓜皮有同样功效，也可炒食西瓜皮。

用料

西红柿 2 个　　西瓜 200 克

白砂糖适量

制作

1. 西红柿洗净，去蒂，切成片；西瓜切开，取瓜瓤。
2. 将西红柿、西瓜瓤放入碗中，加入白砂糖，拌匀即可食用。

咳嗽

普通感冒引起的咳嗽，有哪些症状

1. 多为一声声刺激性咳嗽，不分白天黑夜。

2. 宝宝嗜睡，流鼻涕。有时可伴随发热，体温不超过 38℃。

3. 精神差，食欲差。

4. 出汗退热后，其他症状消失，咳嗽持续 3~5 日。

流感引发的咳嗽，有哪些症状

1. 喉部发出略显嘶哑的咳嗽，有逐渐加重趋势，痰由少至多。

2. 泪、涕、呼吸道分泌物增多。

3. 常伴有 38℃以上高热，一般不易退烧，时间可持续一周。高热时伴有呼吸急促。

4. 宝宝精神较差。

咽喉炎引起的咳嗽，有哪些症状

1. 咳嗽时发出“空、空”的声音。

2. 声音嘶哑，有脓痰，咳出的少，多数被咽下。

3. 咽喉疼痛，宝宝烦躁、拒哺。

气管炎引起的咳嗽，有哪些症状

1. 早期为轻度干咳，后转为湿性咳嗽，有痰声或咳出黄色脓痰。

2. 早期有感冒症状，如发热、打喷嚏、流涕、咽部不适等呼吸道感染症状。

百日咳引起的咳嗽，有哪些症状

1. 咳嗽日轻夜重，连咳十几声便喘不过气来，咳嗽末还带有吸气的鸡鸣声。

2. 伴有打喷嚏、低热、咳出大量黏稠痰等症状。

肺炎引起的咳嗽，有哪些症状

1. 刺激性干咳、有痰。

2. 伴有发热、气急、鼻翼扇动。

过敏引起的咳嗽，有哪些症状

1. 持续或反复发作性的剧烈咳嗽，夜间咳嗽比白天严重。

2. 多呈阵发性发作。

3. 宝宝活动或哭闹时咳嗽加重。

4. 痰液稀薄、呼吸急促。

宝宝咳嗽，怎样饮食调理

无论哪种原因引发的咳嗽，都应该让宝宝多喝水，多喝流质食物，如温的牛奶、米汤或刺激性较小的新鲜果汁（如苹果汁和梨汁等），以减轻其咽部不适，不要等宝宝口渴了才喂水。

饮食以清淡为主，多吃新鲜蔬菜，可吃少量的瘦肉和禽蛋类。切忌油腻、鱼腥。

Tips 如果宝宝夜间咳嗽比较严重，可将其头部抬高，这对大部分因感染引起的咳嗽是有缓解作用的，有减少鼻分泌物向后引流的作用。还要让宝宝左右侧轮换着睡，促进呼吸道分泌物的排出。

冰糖炖雪梨

爱的叮咛

♥ 这道膳食有生津止渴、润肺止咳作用，可辅助治疗小儿肺燥咳嗽、干咳无痰、唇干咽干等症，特别适合秋天食用。

用料

雪梨2个
冰糖适量

制作

1. 雪梨洗净，去皮、核，切成块。
2. 将雪梨放入锅中，加适量水烧开，然后转小火炖50分钟，再加入冰糖炖10分钟即可。

白萝卜水

爱的叮咛

♥ 白萝卜煮水喝有化痰降气、止咳平喘的作用，有助于缓解宝宝咳嗽的症状。

用料

白萝卜1个
香葱1棵

制作

1. 白萝卜去皮，洗净，切成片；香葱择洗干净，切碎。
2. 白萝卜放入锅中，加适量水，将白萝卜煮熟，撒上葱花即可。

感冒

宝宝患风寒型感冒，有哪些症状

1. 有鼻塞、喷嚏、咳嗽、头痛等一般感冒症状。
2. 起病较急，低热，畏寒，怕冷怕风，甚至寒战，无汗。
3. 流清涕，吐稀薄白色痰，咽喉红肿疼痛。
4. 肌肉疼痛，周身酸痛。
5. 食欲减退，口不渴或渴喜热饮，舌苔薄白。

宝宝患风热型感冒，有哪些症状

1. 有鼻塞、喷嚏、咳嗽、头痛等一般感冒症状。
2. 流浊涕，咳嗽声重，或有黏稠黄痰。
3. 口渴喜饮，咽红、咽干或痛痒，检查可见扁桃体红肿，咽部充血。
4. 大便干，小便黄。
5. 舌苔薄黄或黄厚，舌质红。

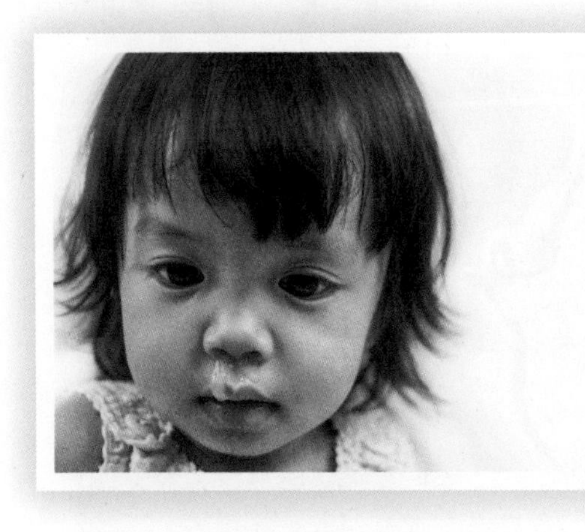

宝宝患暑湿型感冒，有哪些症状

1. 多发生于夏季或夏秋交界之时。
2. 鼻塞，畏寒，发热，乏力。
3. 口淡无味，食欲不振。
4. 头痛，头胀。
5. 有腹痛、腹泻等胃肠道反应。

宝宝感冒，怎样饮食调理

感冒期间，要让宝宝多喝白开水、含维生素C的果汁，多吃新鲜的蔬菜水果。如果是风寒型感冒，可用生姜、葱白、香菜等散风寒，常喝姜糖水、姜粥；如果是风热型感冒，吃一些性寒凉的食物，如荸荠、绿豆、苦瓜等；若是暑湿型感冒，可吃茭白、西瓜、冬瓜、丝瓜、黄瓜等清热利湿，退热后，可吃一些益气生津的食物，如藕、柑橘、苹果、枇杷、甘蔗等。

饮食注意清淡、稀烂易消化，可吃一些稀饭、烂面、蛋汤、藕粉等。不吃油炸、油腻、鱼、肉等荤腥食品。若宝宝体质弱，可通过蛋类、乳制品适当补充营养。

很多宝宝在感冒后有消化道症状，所以饮食还要注意少食多餐，不要勉强宝宝进食，避免胃肠负担过重。

Tips 感冒是免疫力低的一种表现，体质弱的宝宝，家长要做好感冒预防。平常保持室内空气流通，宝宝的衣服随气候的变化及时增减，每天让宝宝保持足够的睡眠，在流感期间，少带宝宝到人口密集的地方，家中常以醋熏制。

葱姜瘦肉粥

爱的叮咛

♥生姜性辛温，有发汗解表的作用，所以这道膳食适合风寒型感冒。

用料

大米 50 克	瘦肉 50 克
香葱 2 棵	姜 10 克
盐适量	生抽适量

制作

1. 瘦肉洗净，切碎，用生抽腌制 10 分钟。
2. 香葱择洗干净，切碎；姜去皮洗净，切成丝；大米淘洗干净。
3. 大米入锅煮粥，煮至粥绵绸时倒入瘦肉，用筷子拌匀，继续煮至肉色变白，加入姜丝，撒上葱花，加少许盐，再煮 2 分钟即可。

缤纷果汁

爱的叮咛

♥这道膳食主要作用是补充维生素 C，在感冒易发的季节常食，有预防流感的作用。

用料

血橙半个	橙子半个
樱桃 5~10 颗	苹果半个
青提 5~10 颗	

制作

1. 樱桃、青提分别洗净，去籽；苹果洗净，切成块。将这三种水果放入榨汁机榨汁。
2. 血橙、橙子分别洗净，横向切成两半，将剖面覆盖在挤橙器上旋转，使橙汁流出来。
3. 将橙汁倒入榨好的果汁中拌匀即可。

湿疹

宝宝湿疹，有哪些症状

1. 以慢性反复性瘙痒为主要症状，患儿烦躁不安，夜间哭闹，影响睡眠。

2. 起病大多在生后 1~3 个月，6 个月以后逐渐减轻，1~2 岁后大多数患儿逐渐自愈。

3. 常以肘窝、腘窝等屈侧部位的慢性复发性皮炎为特征。初起时为散发或群集的小红丘疹或红斑，逐渐增多，并可见小水泡，黄白色鳞屑及痂皮，可有渗出、糜烂及继发感染，可出现急性红斑、广泛渗液和结痂。慢性复发性皮炎常伴皮肤干燥。

4. 遇热、遇湿都可使湿疹表现显著。

5. 湿疹病变在表皮，愈后不留瘢痕。

宝宝湿疹，怎样饮食调理

湿疹是一种过敏性皮肤病，食物过敏是造成湿疹的重要因素。母乳喂养的妈妈，不宜吃辛辣、燥热发物，鱼、虾、蟹等海鲜及鸡蛋等是易引起过敏的食物。

人工喂养或混合喂养的宝宝，蛋白类辅食可比正常婴儿晚 1~2 个月添加，添加速度慢一些，量少一些，让宝宝的肠胃慢慢适应。如果发现吃了某种食物后出现湿疹，应尽量避免再次进食这些食物。

另外，宝宝的饮食要以清淡为宜，少盐分，避免体内积液太多而易发湿疹。婴幼儿的饮食应尽量新鲜，避免喂食含气、色素、防腐剂、稳定剂、膨化剂的加工食品。

Tips

预防湿疹，宝宝应每天洗澡，保持皮肤清洁和湿润，且水温不宜过高，少用化学洗浴用品。日常给宝宝穿戴宽松、轻软的棉质衣物，避免接触毛织、化纤衣物。保持大便通畅，睡眠充足。

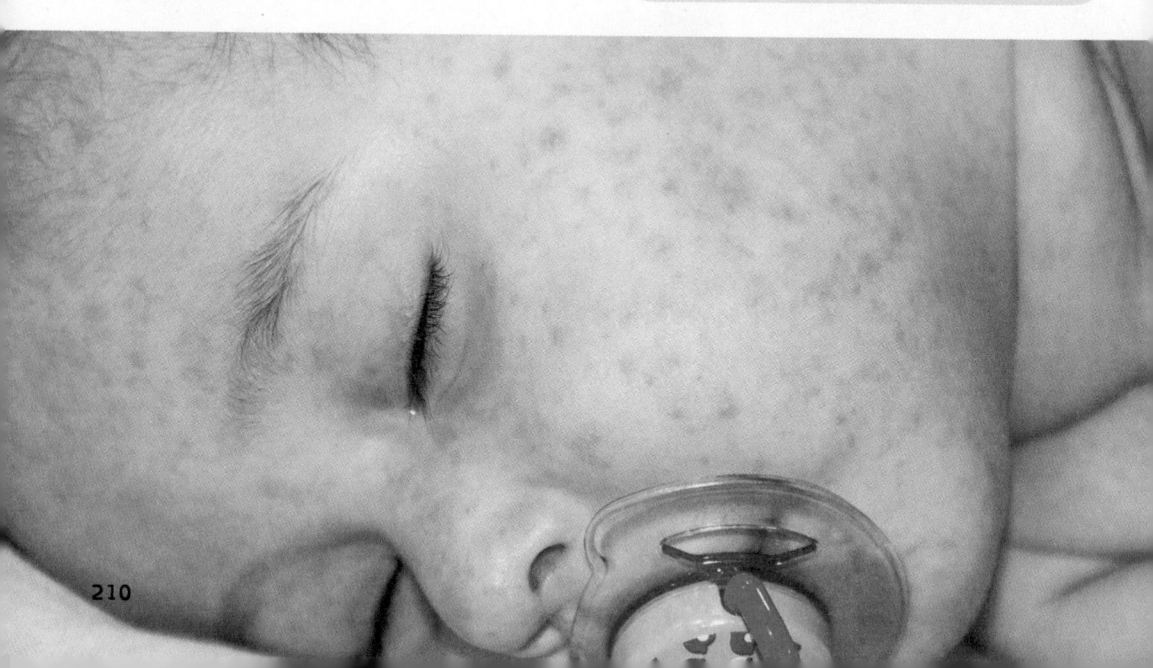

红豆粥

爱的叮咛

❤红豆有利水、消肿、健脾等作用，有治湿泄的功效，适合湿疹患儿食用。

用料

红豆 50 克

冰糖适量

制作

1. 红豆提前浸泡 4 小时，再淘洗干净。
2. 将红豆、冰糖放入锅中，大火烧开后转小火煮至红豆烂熟即可。

薏米绿豆汤

爱的叮咛

❤薏米营养丰富，对于久病体虚、老人、产妇、儿童都是比较好的药用食物。

用料

薏米 30 克

绿豆 40 克

冰糖适量

制作

1. 薏米淘洗干净，用清水浸泡一夜；绿豆淘洗干净。
2. 将薏米、绿豆一起入锅，放入适量水煮至烂熟，加入冰糖化开即可。

小儿佝偻病

小儿佝偻病，有哪些症状

多从 3 个月左右开始发病，此时以精神神经症状为主，患儿睡眠不佳，好哭、易出汗。出汗后头皮痒，宝宝因此在枕头上摇头磨擦，出现枕秃。

3~6 个月时，患儿颅骨软化，以手指按压枕骨或顶骨中央，该处因按压而内陷，随手放松而弹回，被称作“乒乓头”。

8~9 个月以上的患儿，头颅常呈方形，前囟大，闭合延迟。

1 岁左右，患儿两侧肋骨与肋软骨交界处膨大如珠子，胸骨中部向前突出形似“鸡胸”，或下陷成“漏斗胸”；脊柱后突、侧突，会站走时，双腿呈“O”形或“X”形，双腿肌肉韧带松弛无力，学会坐站走的年龄都较晚，容易跌跤。

出牙较迟，牙齿不整齐，容易发生龋齿。患儿表情淡漠，语言发育迟缓，免疫力低下，易并发感染、贫血。

3 岁之后，各种临床表现均消失，严重者可造成不同部位、不同程度的骨骼畸形。

小儿佝偻病，怎样饮食调理

小儿佝偻病是因维生素 D 缺乏导致钙、磷代谢紊乱和临床以骨骼的钙化障碍为主要特征的疾病，所以饮食调理主要是补充维生素 D。

维生素 D 含量丰富的食物，主要有鱼肝油、动物肝脏、蛋黄，奶类中也有少量维生素 D。

Tips

维生素 D 由皮肤经日照产生，常晒太阳是获得维生素 D 的重要途径。所以除了需要口服制剂、饮食摄入维生素 D，家长还要坚持每天让孩子晒太阳 2 小时左右。冬季出生的宝宝，由于日照不足，宝宝需要每天服用维生素 D 制剂。

婴幼儿期严重佝偻病可导致骨骼畸形

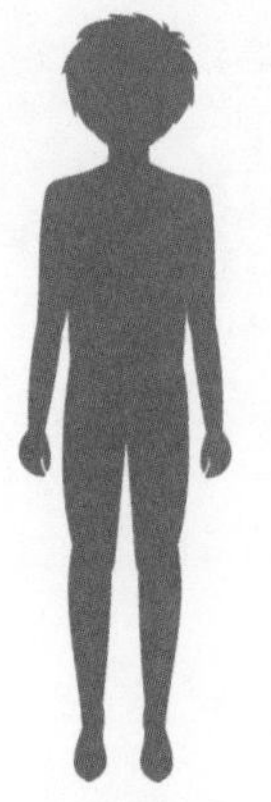

正常腿
双腿直立

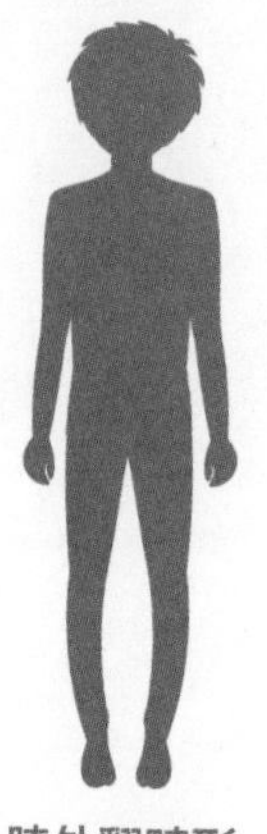

膝外翻畸形
形成 O 形腿

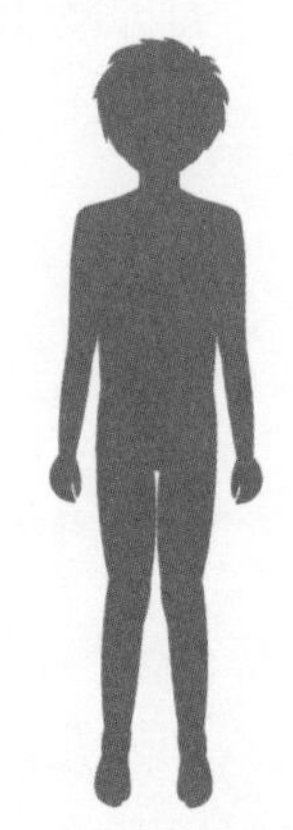

膝内翻畸形
形成 X 形腿

炒鸡蛋

爱的叮咛

♥鸡蛋也可搭配香葱、彩椒、木耳等炒食，给宝宝补充不同的营养素。

用料

鸡蛋3个
盐1克
植物油适量

制作

1. 鸡蛋打入碗中，加盐拌匀。
2. 植物油入锅烧至六七成，倒入蛋液翻炒至熟即可。

香葱炒鸡肝

爱的叮咛

♥炒的时候全程大火，预防鸡肝炒老。

用料

鸡肝200克
姜5克
植物油适量
酱油适量
香葱2棵
蒜瓣2个
盐1克

制作

1. 鸡肝用流水冲洗干净，切成小块，然后放清水中浸泡半小时。
2. 香葱择洗干净，切碎；蒜瓣洗净，拍碎；姜去皮洗净，切碎。
3. 锅中加冷水烧开，放入鸡肝烫一下后捞出沥水。
4. 锅中加植物油烧开，加入姜末、蒜蓉爆香，再放入鸡肝爆炒，最后加盐、酱油翻炒均匀，撒上葱花翻炒几下即可。

附录

常见食物营养功能速查表

分类	名称	主要营养素	功效
五谷杂粮类	大米	碳水化合物、蛋白质、B 族维生素	健脾养胃，止渴，止泻，除烦
	小米	碳水化合物、蛋白质、胡萝卜素、维生素 B_1、维生素 B_2、维生素 B_{12}	健脾和胃，防止消化不良，防止反胃、呕吐，预防脚气
	玉米	碳水化合物、蛋白质、胡萝卜素、维生素 B_1、维生素 E、磷、铁、卵磷脂	抗氧化，防治干眼症、夜盲症
	大豆	蛋白质、碳水化合物、不饱和脂肪酸、维生素 B_2、钙、磷	预防便秘，调节胃肠功能
	绿豆	蛋白质、碳水化合物、膳食纤维、B 族维生素、磷、钙、铁	抗过敏，抗菌抑菌，增强食欲，保肝护肾
	红豆	蛋白质、粗纤维、钙、磷、铁、维生素 B_1、维生素 B_2	利水消肿，利尿解毒，改善贫血
	山药	碳水化合物、蛋白质、B 族维生素、维生素 C、维生素 E	助消化，减肥，改善血液循环
	土豆	碳水化合物、蛋白质、胡萝卜素、维生素 C、膳食纤维	促进消化，预防消化不良、肠胃不和、脘腹作痛、大便不畅
蔬菜类	菠菜	胡萝卜素、维生素 C、维生素 K、叶酸、钙、铁、膳食纤维	补血，润燥，促进生长发育，增强抗病能力，促进人体新陈代谢
	白菜	B 族维生素、维生素 C、粗纤维	预防便秘，减肥，净化血液，疏通肠胃，预防疾病，促进新陈代谢
	彩椒	维生素 A、B 族维生素、维生素 C、钙、磷、铁、钾、膳食纤维	促进新陈代谢，增强免疫力，防止感冒，减肥
	芹菜	胡萝卜素、B 族维生素、维生索 C、维生素 P、钙、磷、铁、膳食纤维	促进排便，利尿消肿，养血补虚，除烦
	黄瓜	维生素 C、维生素 E、胡萝卜素、钙、磷、铁	除热，利水利尿，排毒防便秘
	西红柿	胡萝卜素、维生素 A、B 族维生素、维生素 C、膳食纤维	生津止渴，健胃消食，清热消暑，制止牙龈出血，防止小儿佝偻病、夜盲症、干眼症
	胡萝卜	胡萝卜素、维生素 A、花青素、钙、铁	益肝明目，通便，抗过敏，增强免疫功能，预防感冒
	南瓜	多糖，类胡萝卜素、果胶、钴、维生素 A、维生素 C	增强免疫力，助消化，促进骨骼的发育，活跃人体的新陈代谢，促进造血功能
	西蓝花	维生素 C、胡萝卜素、叶酸、磷、铁、钾、锌、锰、硒、膳食纤维	健脑壮骨，补脾和胃，提高机体免疫力，防治小儿发育迟缓
	冬瓜	B 族维生素、维生素 C、维生素 E、钾、镁、铜、磷、硒	消热利水，消肿，化痰解渴，预防痰喘、暑热
	白萝卜	维生素 C、粗纤维、木质素	增强食欲，促进消化，加快胃肠蠕动，止咳化痰，清肠排毒，增强免疫力

分类	名称	主要营养素	功效
食用菌类	香菇	B族维生素、维生素D、磷、铁、钾	增强人体免疫，防治食欲减退、少气乏力
	蘑菇	蛋白质、B族维生素、钾、钠、钙、镁、锰、铜、锌、膳食纤维	增强免疫，强健骨骼
	木耳	粗纤维、钙、磷、铁、B族维生素	滋阴润燥，养血益胃，活血止血，润肺润肠，提高机体免疫力
	金针菇	B族维生素、维生素C、多糖、锌	增强智力，促进体内新陈代谢，抵抗疲劳，抗菌消炎
水果类	苹果	维生素C、果胶、锌、钾	增强免疫，预防感冒，保护肺部免受空气中的灰尘和烟尘的影响，调理肠胃
	柑橘	果酸、维生素C、胡萝卜素、黄酮类物质、钾、镁、铁	促进食欲，抗氧化，增强免疫力，宽肠理气，防治食欲不振、腹中雷鸣及便溏或腹泻
	草莓	维生素C、烟酸、胡萝卜素、果胶、膳食纤维、叶酸、铁、钙、花青素	保护视力，助消化，防便秘，促进生长发育
	猕猴桃	维生素C、有机酸、果糖、维生素E、叶酸、胡萝卜素、钾、镁、钙、膳食纤维	提升免疫功能，防治消化不良、贫血、呼吸系统疾病
	香蕉	碳水化合物、维生素C、果胶、钾、镁	促进食欲，助消化，防治便秘，抗疲劳
肉与蛋类	猪肉	蛋白质、脂肪、维生素B_1、维生素B_2、磷、铁、锌	滋阴，润燥，补血
	鸡肉	蛋白质、脂肪、维生素B_2、钙、磷、铁	温中补脾，益气养血，补虚填精，健脾胃，强筋骨
	牛肉	蛋白质、脂肪、维生素B_2、磷、钾、铁、镁、锌	促进生长，增强免疫，防治贫血
	动物肝脏	脂肪、维生素A、维生素B_2、维生素D、磷、铁、锌	明目，补血，滋润气色，防治佝偻病
	鸡蛋	蛋白质、卵磷脂、钙、磷、铁、维生素A、维生素B_2、维生素D	促进发育，增强免疫，增强智力，防治佝偻病
海产品	鱼	蛋白质、不饱和脂肪酸、维生素D、铁、钙、磷、镁、硒、碘	健脾胃，促进消化，增强免疫，增强智力，防治佝偻病
	虾	蛋白质、脂肪、钙、磷、铁、锌、镁	养血，解毒，开胃化痰，增强抵抗力
	牡蛎	蛋白质、锌、铜、锰、磷、钙、不饱和脂肪酸	促进生长发育，增强免疫力，健脑益智
	海带	钙、碘、铁、牛磺酸	减肥，抗辐射，健脑，清洁肠胃，调节免疫
坚果类	松仁	蛋白质、不饱和脂肪酸、钙、磷、铁	促进大脑发育，提高免疫功能
	花生	蛋白质、不饱和脂肪酸、卵磷脂、维生素B_1、维生素B_6、维生素E、维生素K、钙、磷、铁	促凝血止血，促进脑细胞发育，增强记忆，促进儿童骨骼发育
	核桃	蛋白质、不饱和脂肪酸、铜、镁、钾、维生素B_1、维生素B_6	温肺定喘，润肠通便，健脑益智

0~3岁宝宝各阶段发育指标

年龄	体重（千克）		身高（厘米）		头围（厘米）
	男	女	男	女	
满月	3.6–5.0	3.4–4.5	52.1–57.0	51.2–55.8	35.4–40.2
2月	4.3–6.0	4.0–5.4	55.5–60.7	54.4–59.2	37.0–42.2
3月	5.0–6.9	4.7–6.2	58.5–63.7	57.1–59.5	38.2–43.4
4月	5.7–7.6	5.3–6.9	61.0–66.4	59.4–64.5	39.6–44.4
5月	6.3–8.2	5.8–7.5	63.2–68.6	61.5–66.7	40.4–45.2
6月	6.9–8.8	6.3–8.1	65.1–70.5	63.3–68.6	41.3–46.5
8月	7.8–9.8	7.2–9.1	68.3–73.6	66.4–71.8	42.7–47.6
10月	8.6–10.6	7.9–9.9	71.0–76.3	69.0–74.5	43.1–48.3
12月	9.1–11.3	8.5–10.6	73.4–78.8	71.5–77.1	43.7–48.9
15月	9.8–12.0	9.1–11.3	76.6–82.3	74.8–80.7	44.2–49.4
18月	10.3–12.7	9.7–12.0	79.4–85.4	77.9–84.0	44.8–50.0
21月	10.8–13.3	10.2–12.6	81.9–88.4	80.6–87.0	45.2–50.4
2岁	11.2–14.0	10.6–13.2	84.3–91.0	83.3–89.8	45.6–50.8
2.5岁	12.1–15.3	11.7–14.7	88.9–95.8	87.9–94.7	46.2–51.4
3岁	13.0–16.4	12.6–16.1	91.1–98.7	90.2–98.1	46.5–51.7